FASHION DETAILS

时装设计师参考手册

时装款式细节设计 4000 例

[意大利] 伊莎贝塔·库凯·德鲁蒂◎著

吴晓光◎译

人民邮电出版社

北 京

图书在版编目（CIP）数据

时装设计师参考手册：时装款式细节设计4000例 ／
（意）伊莎贝塔·库凯·德鲁蒂著；吴晓光译. -- 北京：
人民邮电出版社，2018.6
ISBN 978-7-115-48383-6

Ⅰ. ①时… Ⅱ. ①伊… ②吴… Ⅲ. ①服装设计－手
册 Ⅳ. ①TS941.2-62

中国版本图书馆CIP数据核字(2018)第077264号

版 权 声 明

内 容 提 要

本书海量收录了意大利设计师的4000个服装款式细节设计，涵盖衣领、领圈线、衬衣、西装、外套、礼服、裙装等服装款式设计、裁剪、抽褶等各种细节、材料和灵感参考等实用资源，案例丰富，细节清晰，读者可直接参考使用。

本书适合服装设计师、服装设计专业的学生和服装设计爱好者作为参考手册。

◆ 著　　　[意大利]伊莎贝塔·库凯·德鲁蒂
　　译　　　吴晓光
　　责任编辑　杨　璐
　　责任印制　陈　犇

◆ 人民邮电出版社出版发行　　北京市丰台区成寿寺路11号
　　邮编 100164　电子邮件 315@ptpress.com.cn
　　网址 http://www.ptpress.com.cn
　　北京汇瑞嘉合文化发展有限公司

◆ 开本：889×1194　1/16
　　印张：24　　　　　　　　2018年6月第1版
　　字数：344千字　　　　　　2018年6月北京第1次印刷
　　著作权合同登记号　图字：01-2018-1402号

定价：168.00元
读者服务热线：(010)81055410 印装质量热线：(010)81055316
反盗版热线：(010)81055315
广告经营许可证：京东工商广登字20170147号

您可以

在绘制衣领、领圈线及各种细节时

使用本书中的材料

启发灵感

参考实用教育资源

或将其赠予爱好服装的朋友们

使用不同材料定制原始造型

将形状、细节及最后润饰相融合，创造
非同一般的材料与色彩组合。

鉴于最终成果可能因材料及使用比例而差异显著，故
正确使用设计图样至关重要。

细节、边饰、材料及色彩可使服装设计
内涵大为丰富

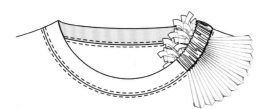

泡泡纱活褶-毛边-卷边

褶皱荷叶边-绳结-不同材料-印花

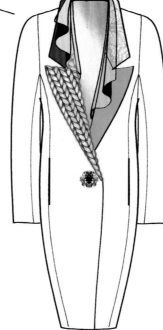

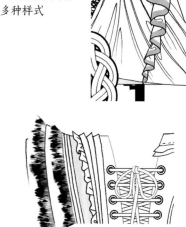

多种样式

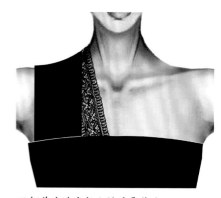

活褶-褶边-系带衣领-毛边

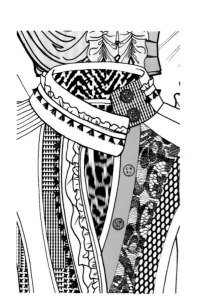

褶边-泡泡纱活褶-缝合

雪纺双领产生软薄绸效果，材料不对称
一边翻领，隔行正反针织法
一边1/2花边领
宝石纽扣，金色内衬

几何单肩连衣裙上的重叠花边

多种样式

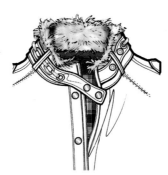

毛皮，链条，金色按扣，格子内里

双色重叠，花边，蝴蝶结，拉链

10

高领紧身连衣裙
背后金纽扣

飞边衣领，带拉链

双色几何衣领，透明材质
古金色扣钩与扣环

深V后背
领圈线对比
网纱、缎子、蝴蝶结
颜色对比
链边镶宝石
精饰

重叠翻领
毛边，双色活褶

衣领与荷叶边效果，
褶裥花边，金线花边

后领圈线重叠，透明材质，垫肩，
金色配饰与流苏

环扣皮带衣领，泡泡纱活
褶，蝴蝶结，胸部褶裥

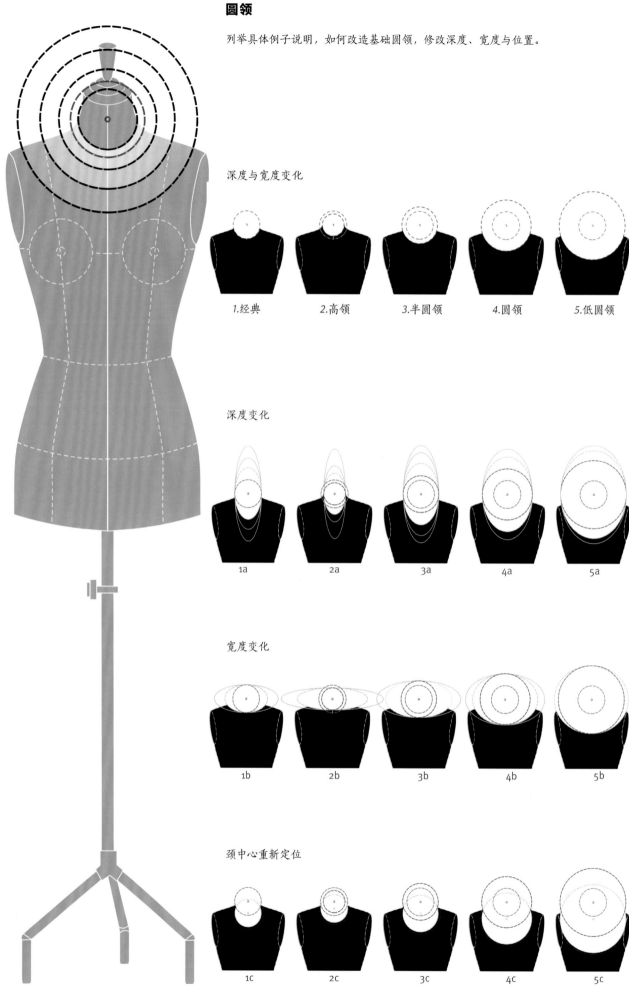

圆领

列举具体例子说明，如何改造基础圆领，修改深度、宽度与位置。

深度与宽度变化

1.经典　　2.高领　　3.半圆领　　4.圆领　　5.低圆领

深度变化

1a　　2a　　3a　　4a　　5a

宽度变化

1b　　2b　　3b　　4b　　5b

颈中心重新定位

1c　　2c　　3c　　4c　　5c

12

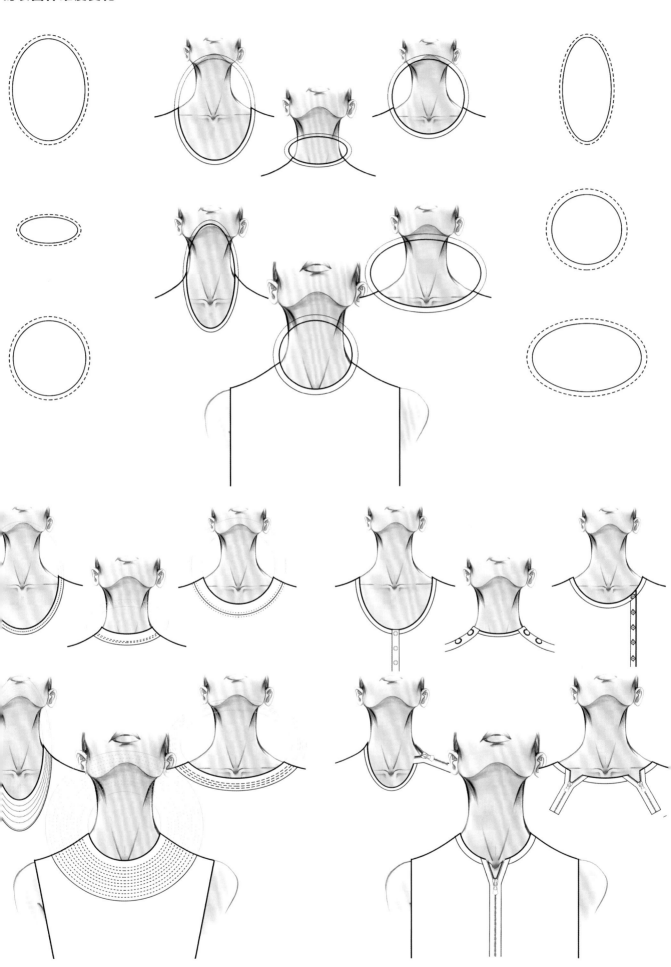

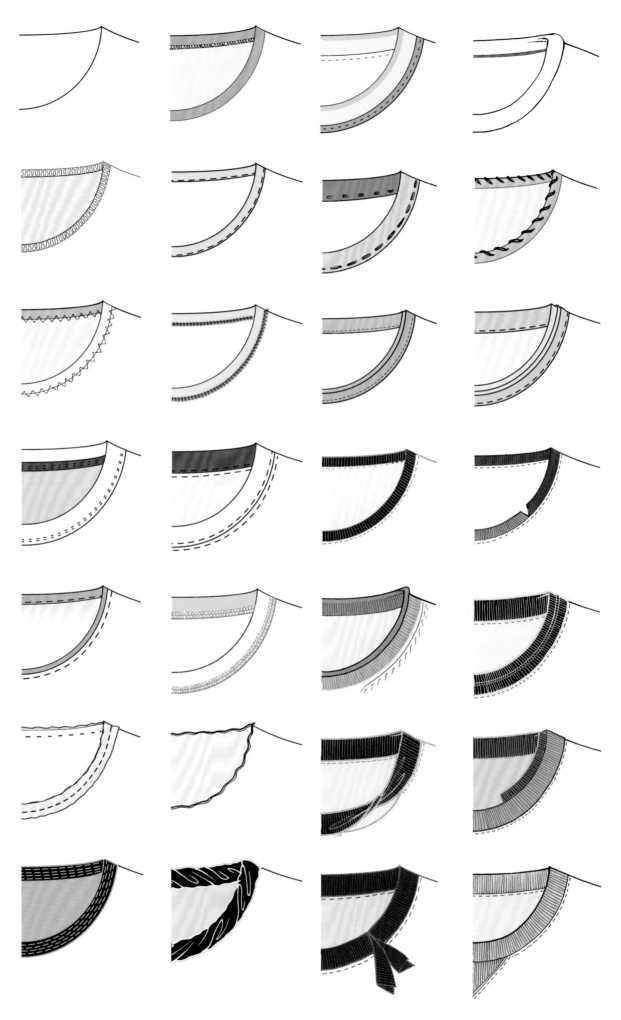

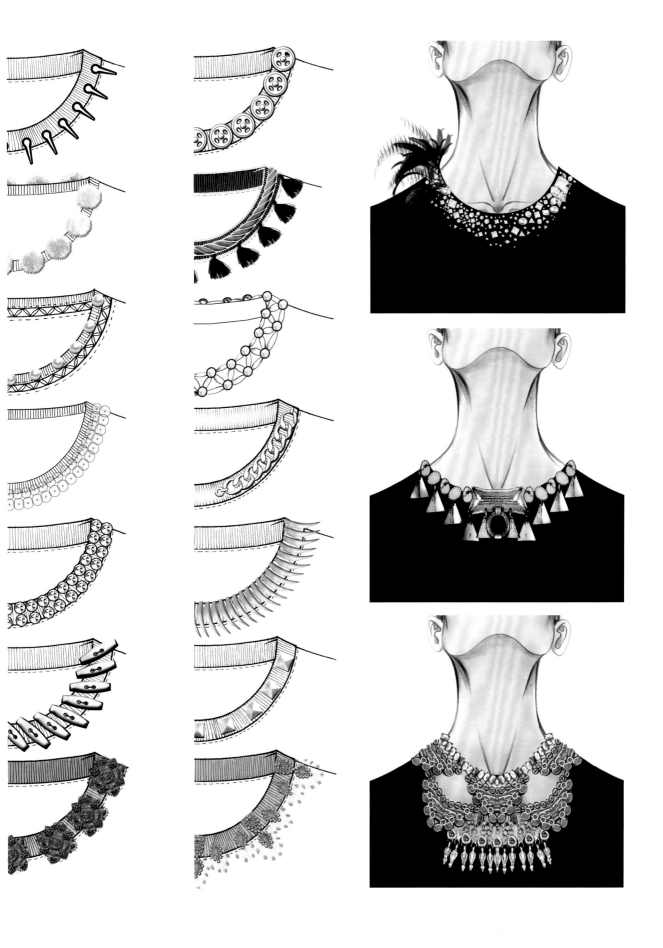

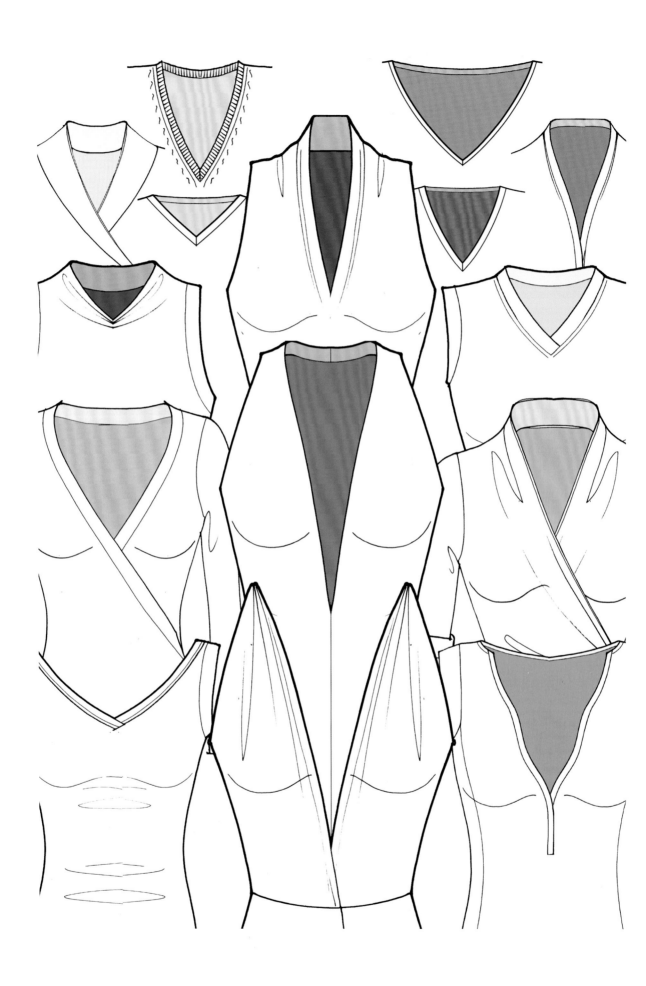

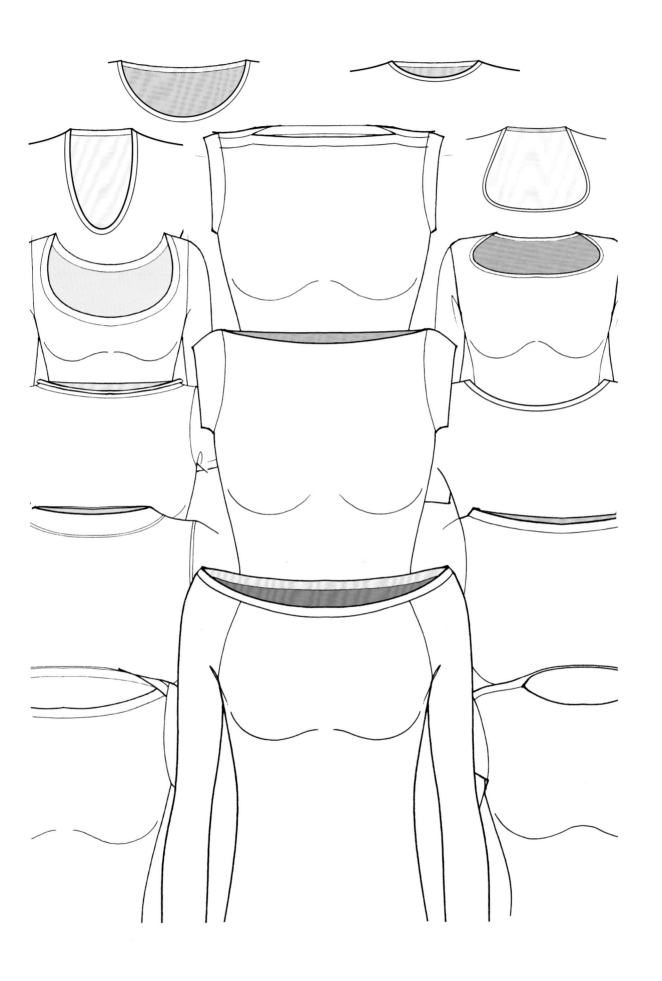

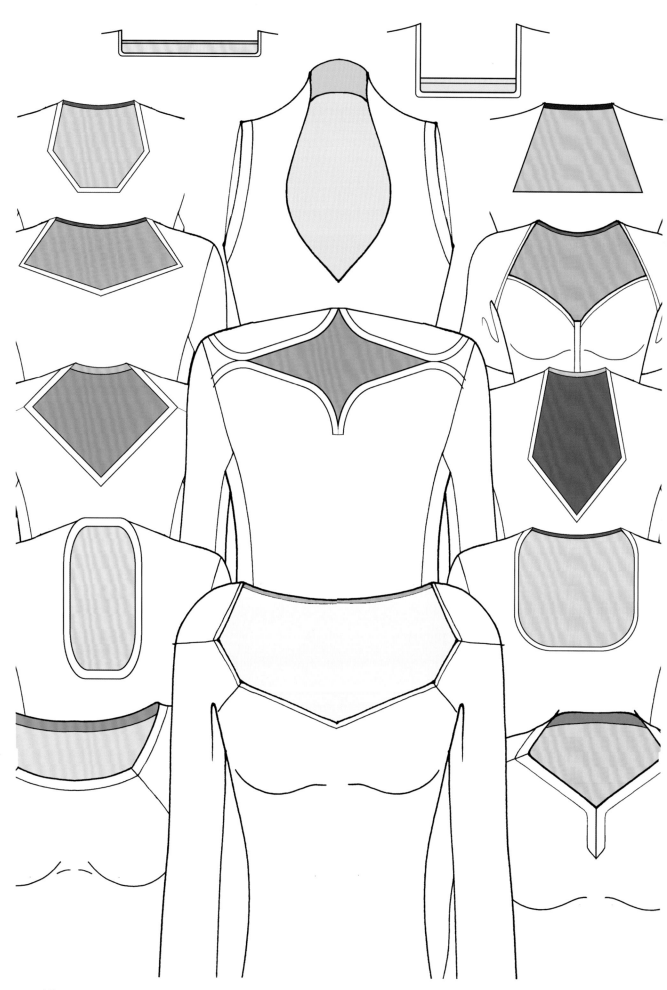

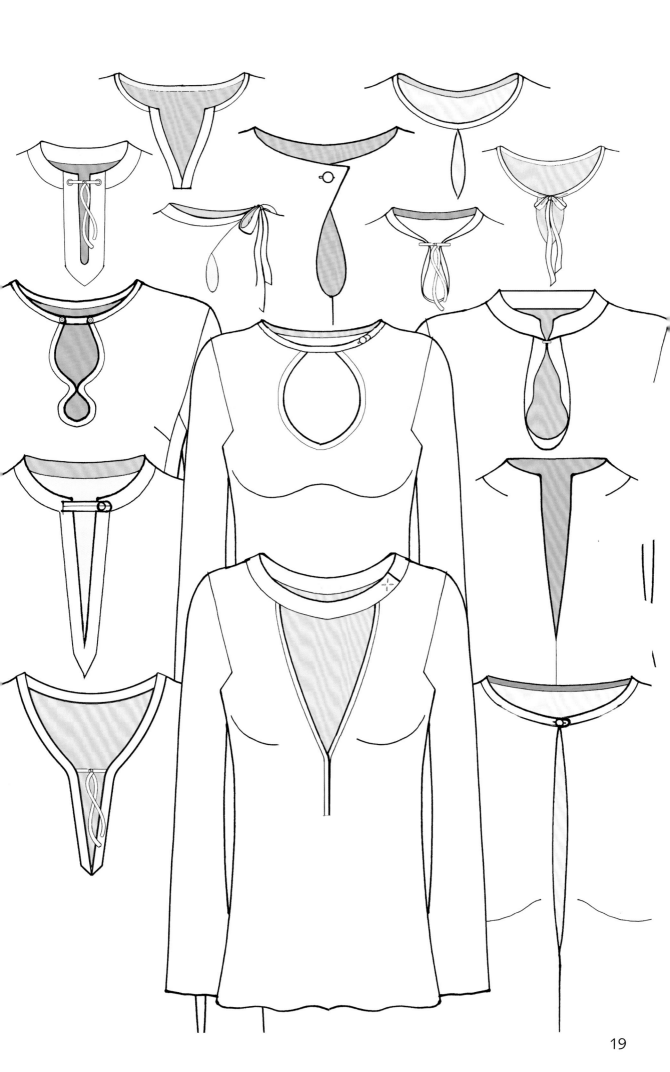

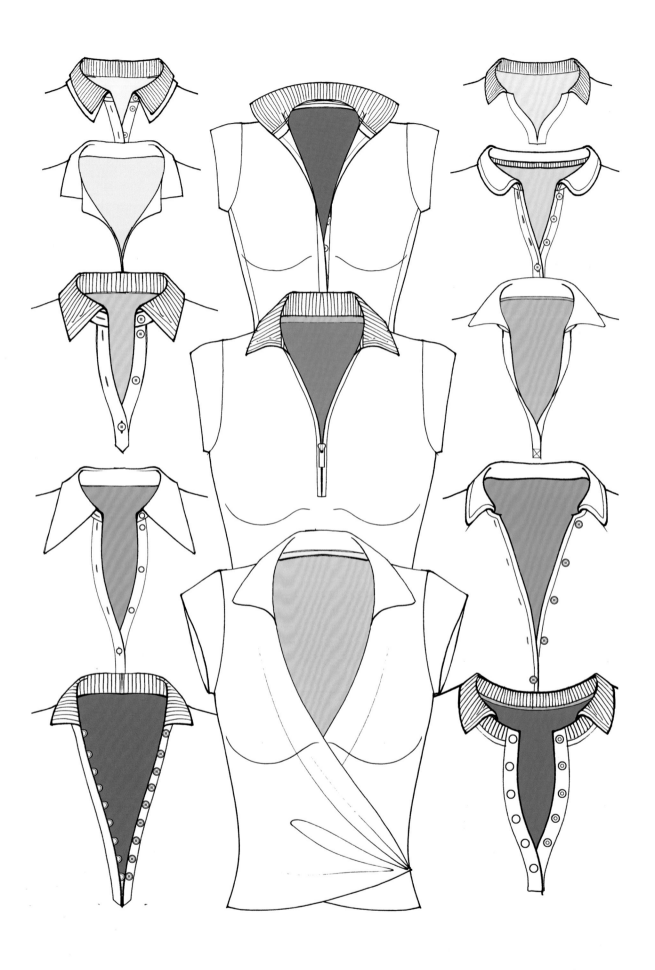

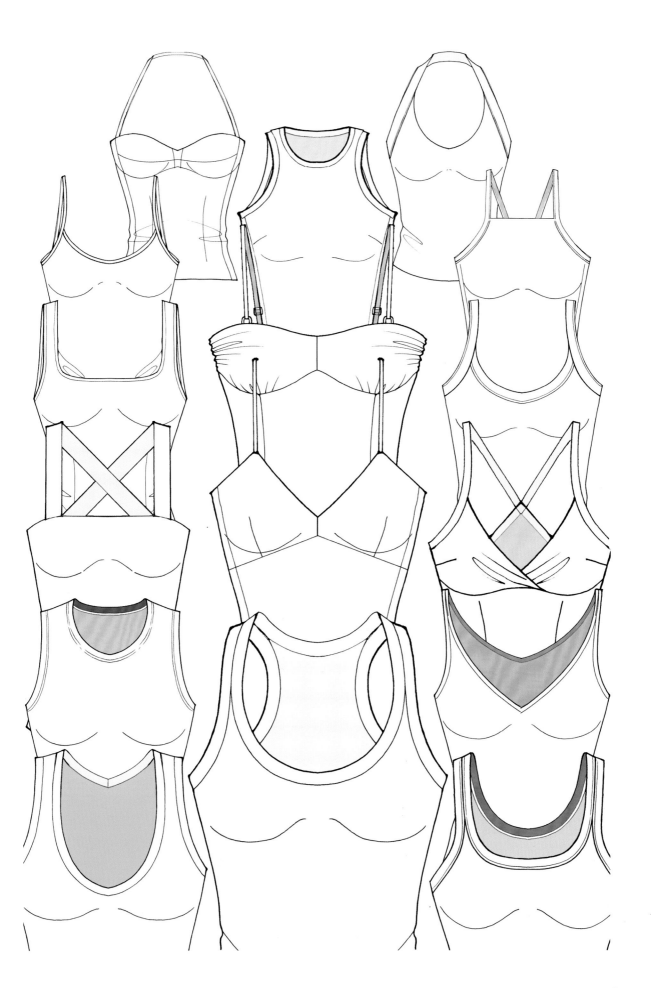

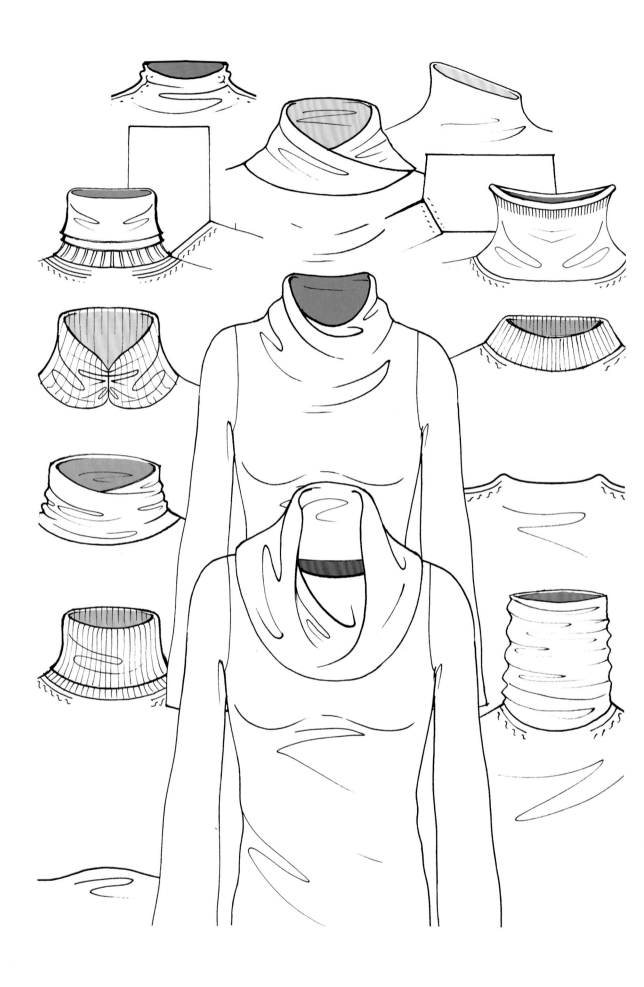

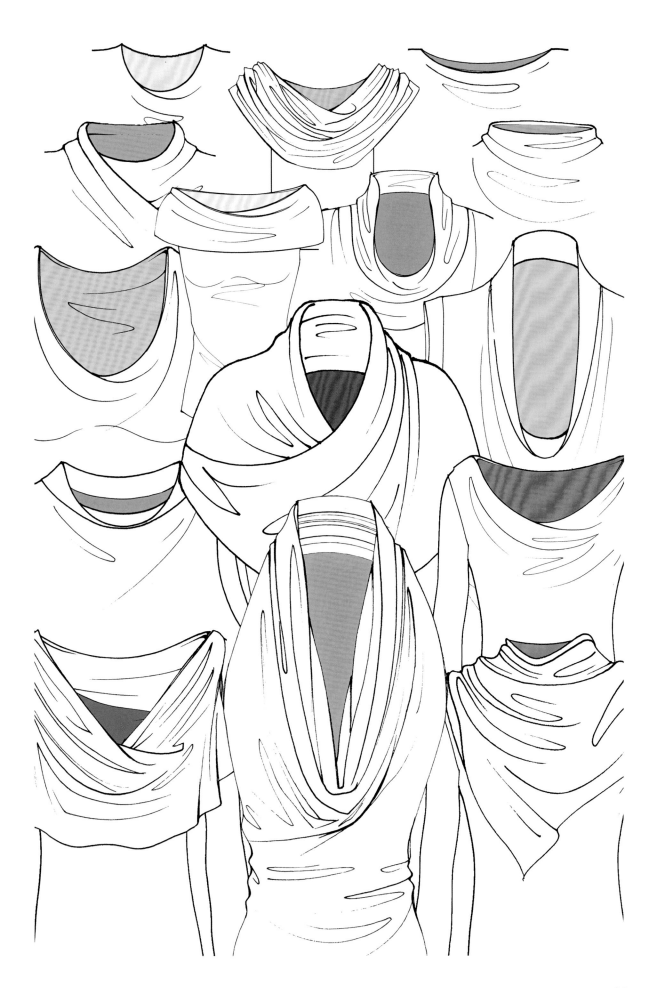

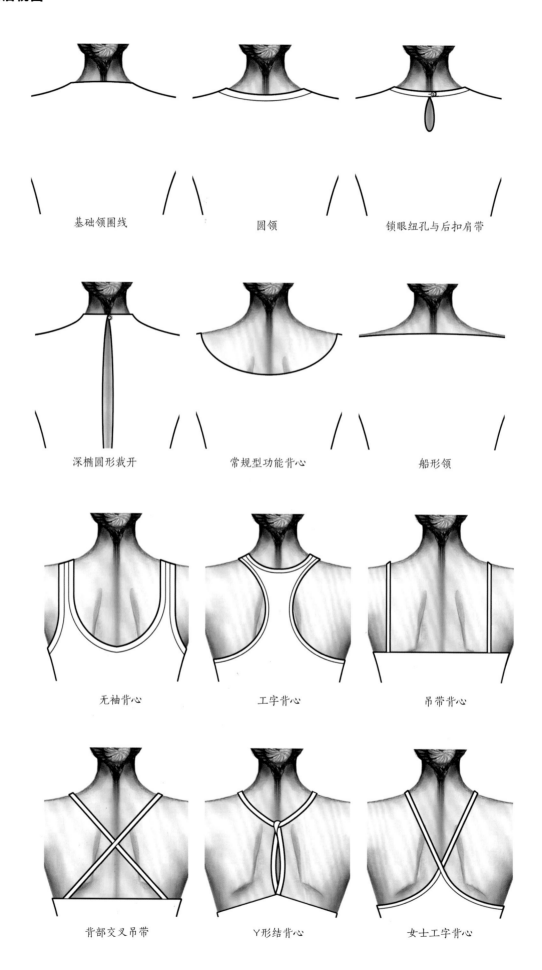

基础领圈线　　　　　　圆领　　　　　　锁眼纽孔与后扣肩带

深椭圆形裁开　　　　常规型功能背心　　　　　船形领

无袖背心　　　　　　工字背心　　　　　　吊带背心

背部交叉吊带　　　　　Y形结背心　　　　　女士工字背心

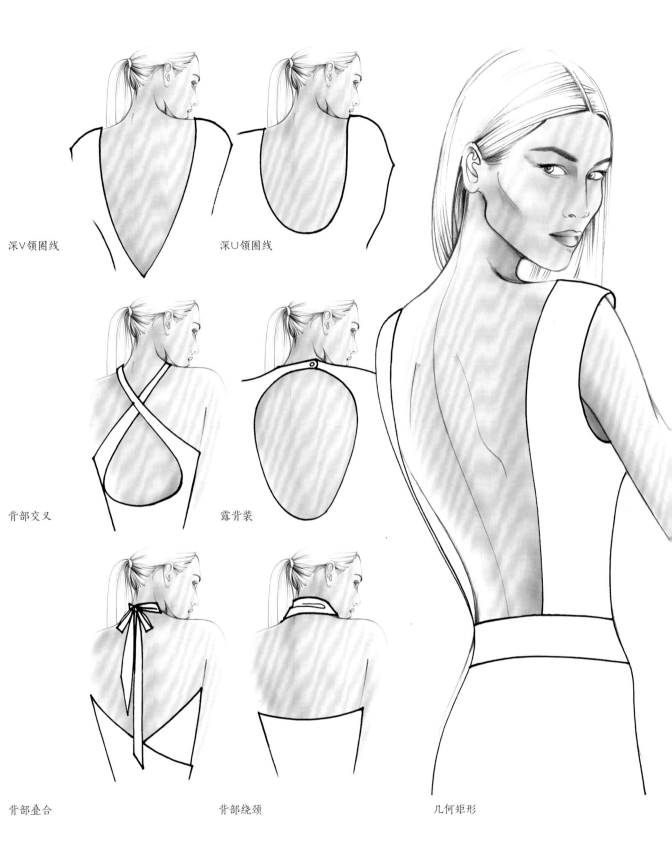

深V领圈线

深U领圈线

背部交叉

露背装

背部叠合

背部绕颈

几何矩形

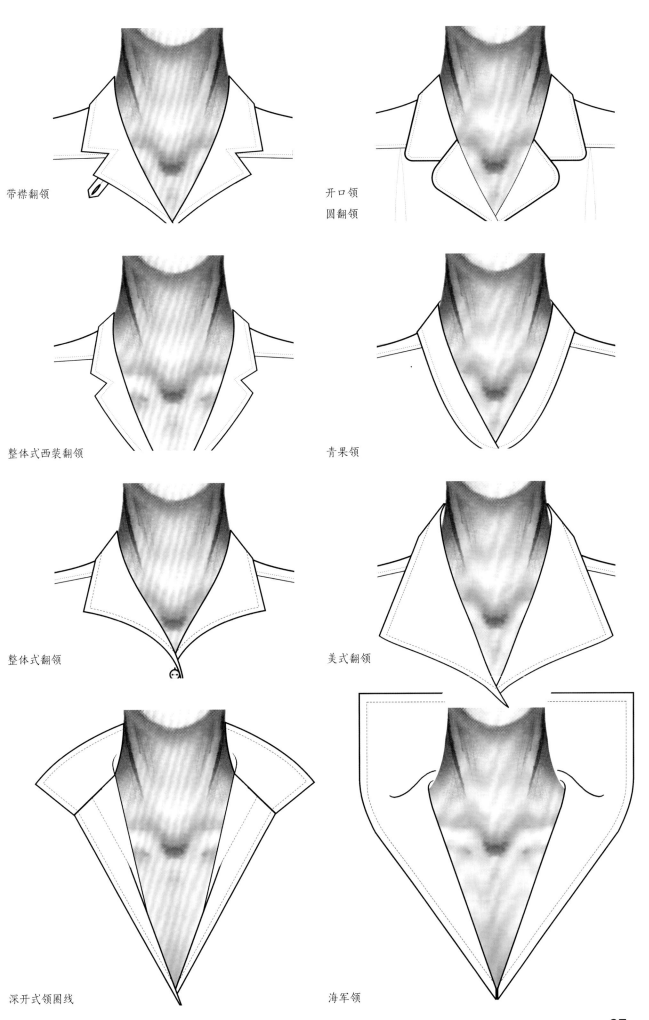

带襟翻领

开口领
圆翻领

整体式西装翻领

青果领

整体式翻领

美式翻领

深开式领圈线

海军领

27

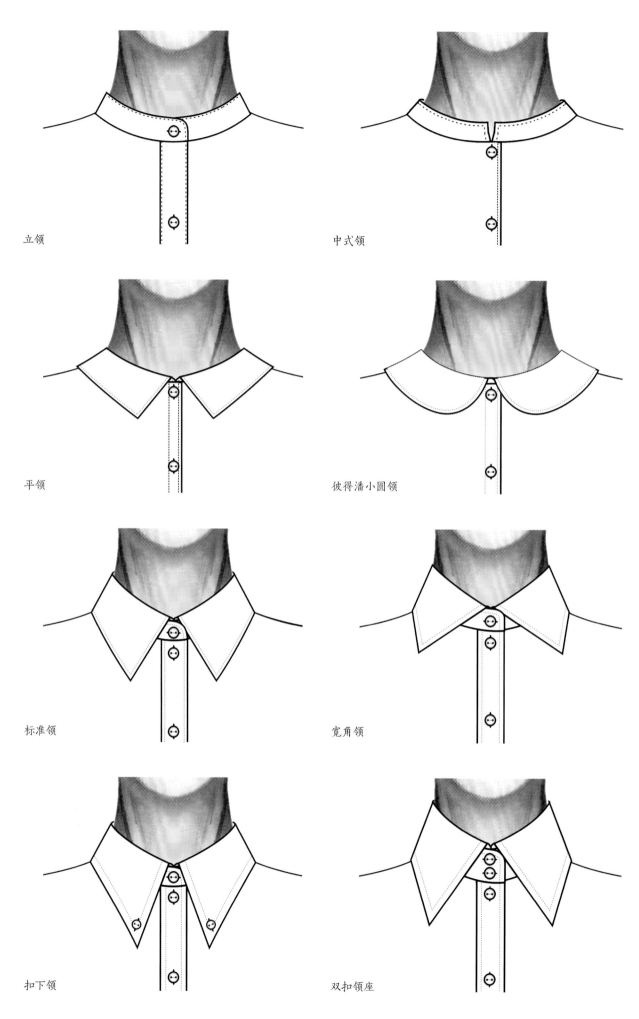

立领

中式领

平领

彼得潘小圆领

标准领

宽角领

扣下领

双扣领座

28

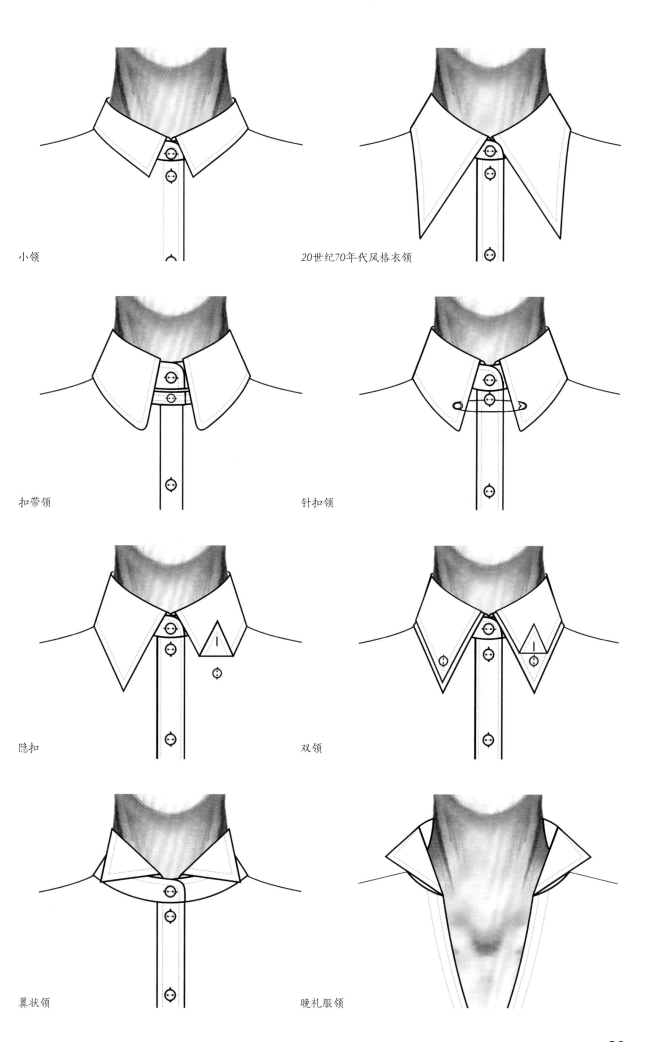

小领

20世纪70年代风格衣领

扣带领

针扣领

隐扣

双领

翼状领

晚礼服领

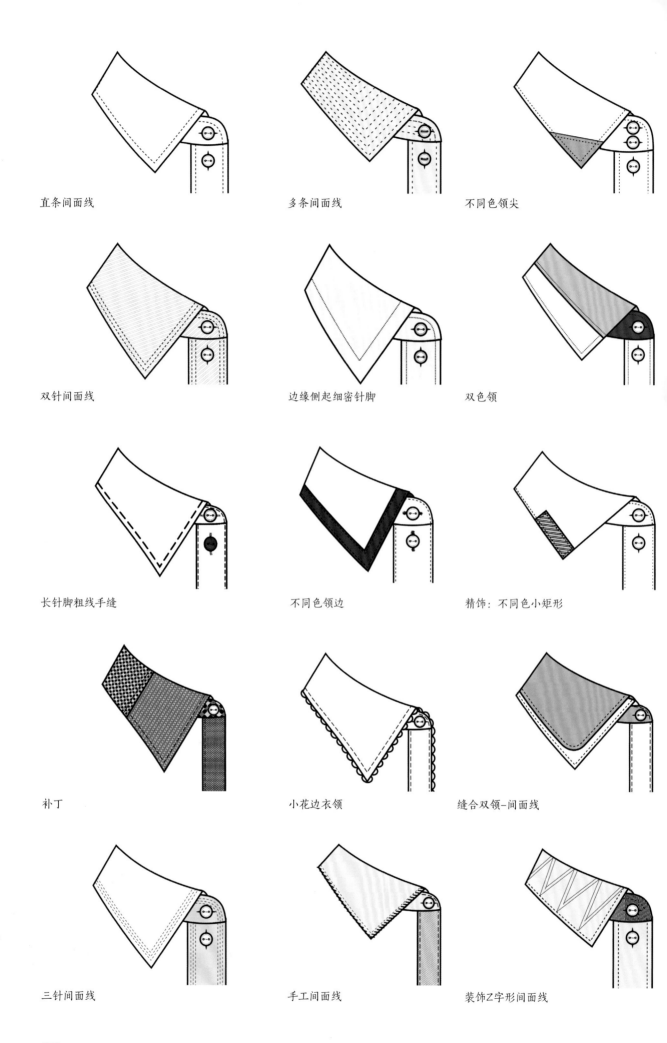

直条间面线

多条间面线

不同色领尖

双针间面线

边缘侧起细密针脚

双色领

长针脚粗线手缝

不同色领边

精饰：不同色小矩形

补丁

小花边衣领

缝合双领–间面线

三针间面线

手工间面线

装饰Z字形间面线

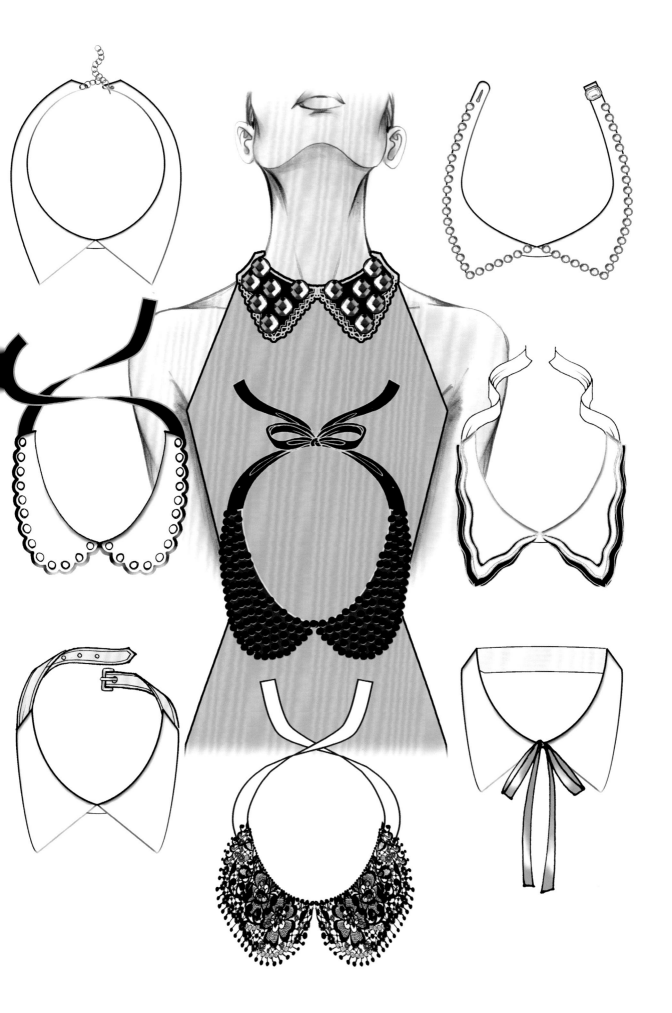

非对称女士衬衣

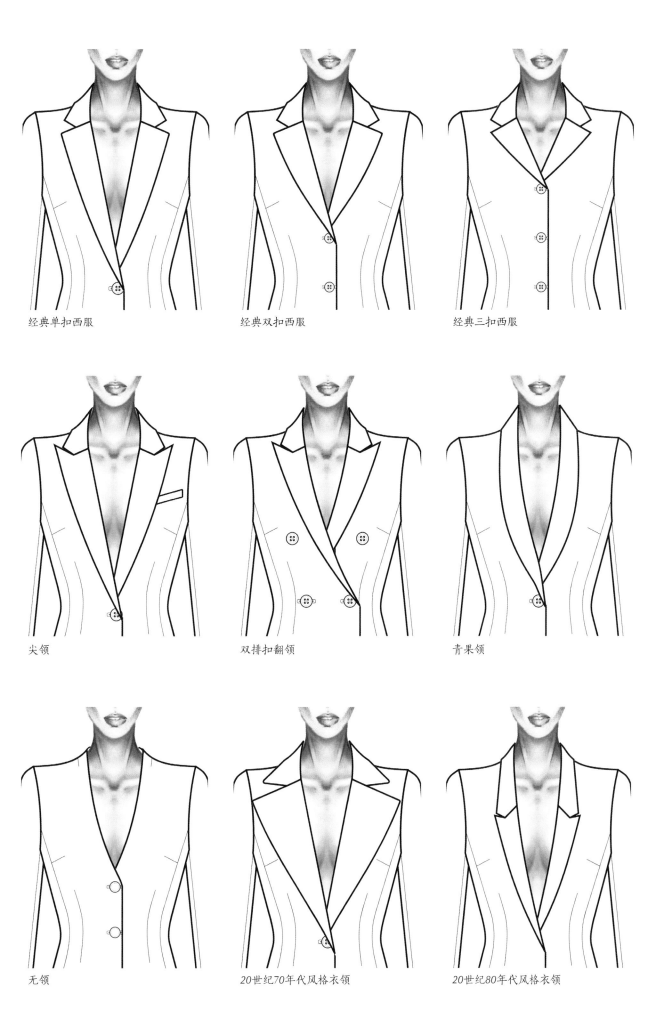

经典单扣西服　　　　经典双扣西服　　　　经典三扣西服

尖领　　　　　　　双排扣翻领　　　　　青果领

无领　　　　　　　*20世纪70年代风格衣领*　　　*20世纪80年代风格衣领*

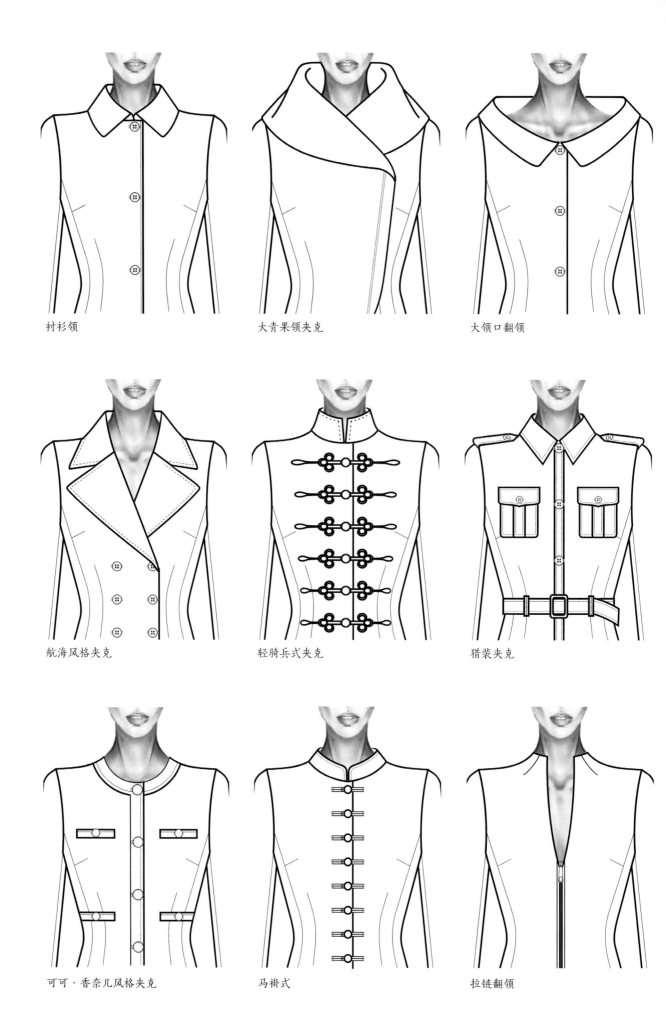

衬衫领　　　　　　　　大青果领夹克　　　　　　大领口翻领

航海风格夹克　　　　　轻骑兵式夹克　　　　　　猎装夹克

可可·香奈儿风格夹克　　马褂式　　　　　　　　拉链翻领

36

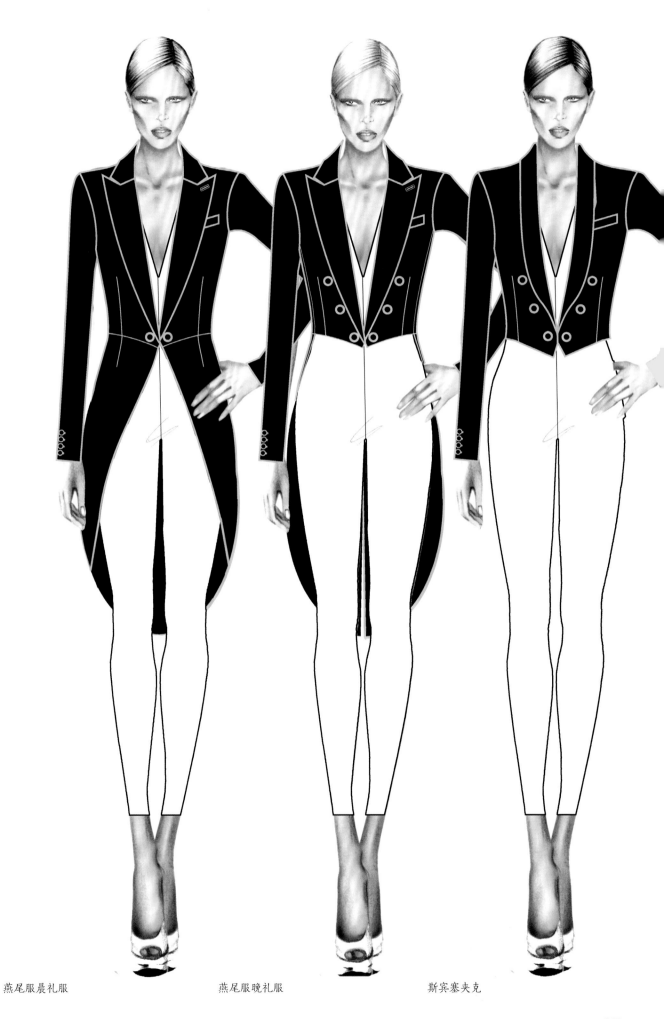

燕尾服晨礼服　　　　　　　　　　燕尾服晚礼服　　　　　　　　　斯宾塞夹克

37

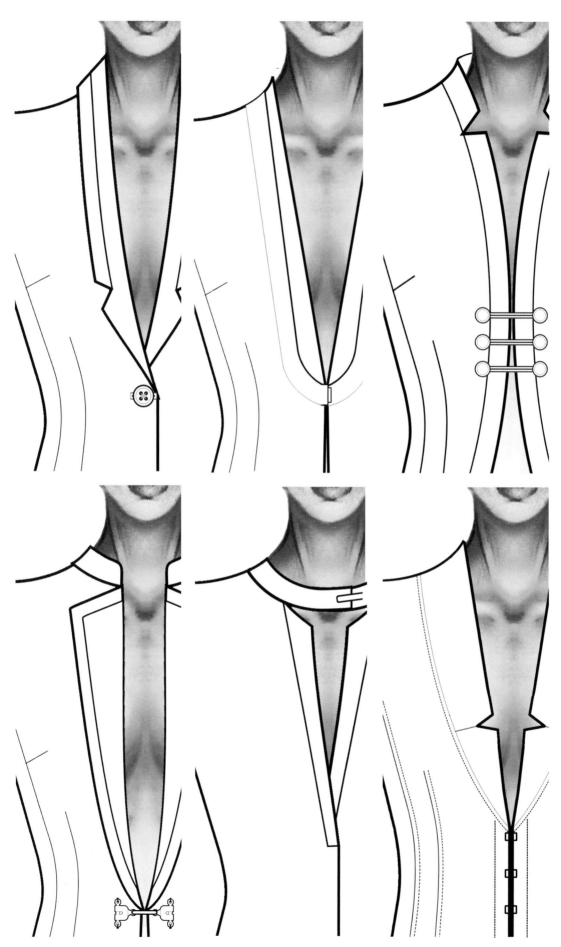

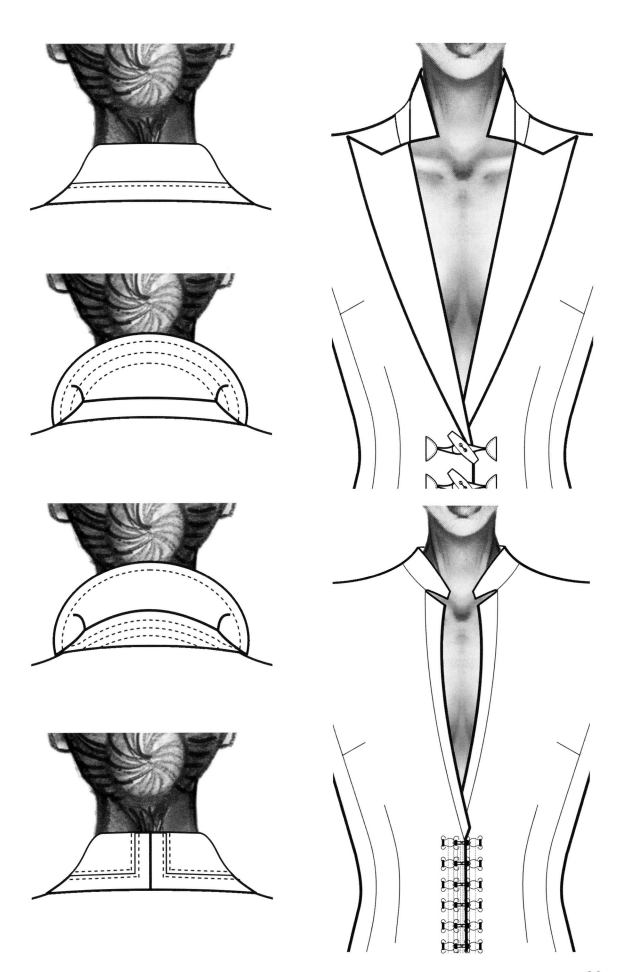

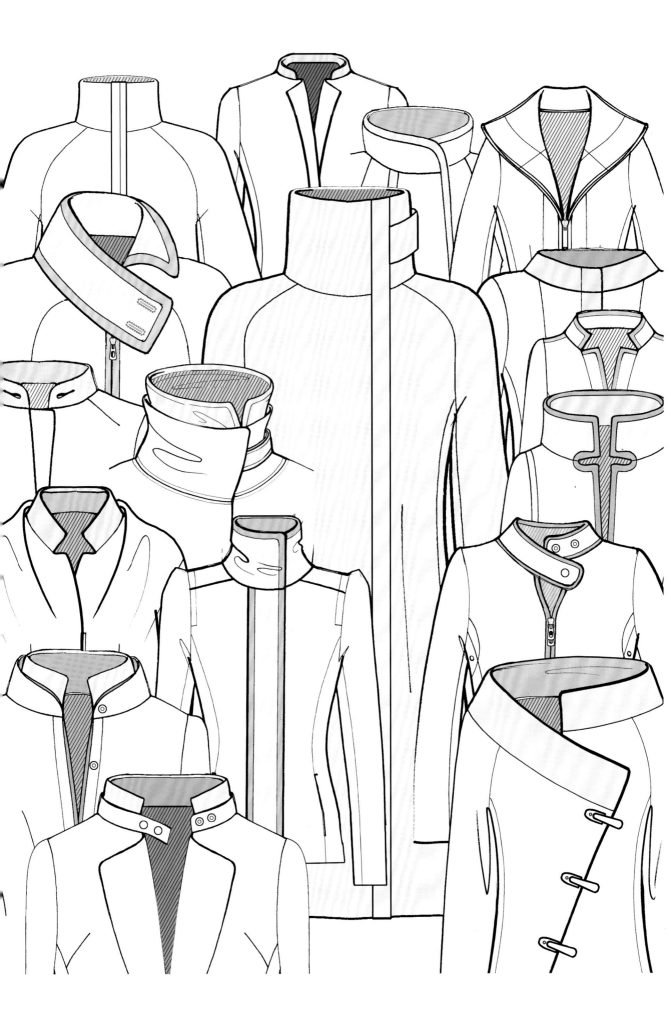

46

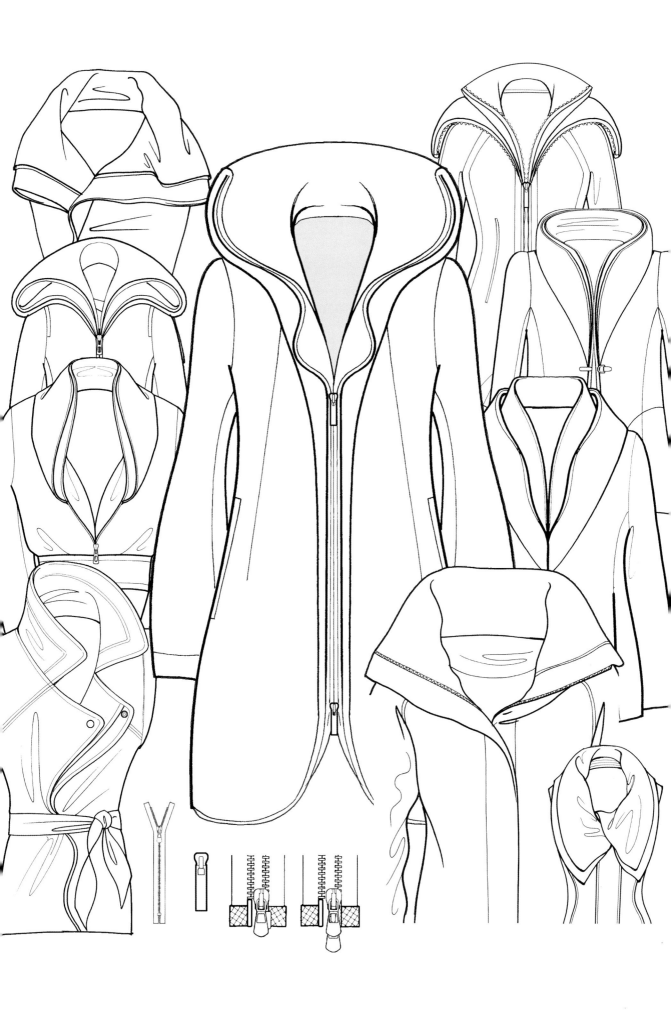

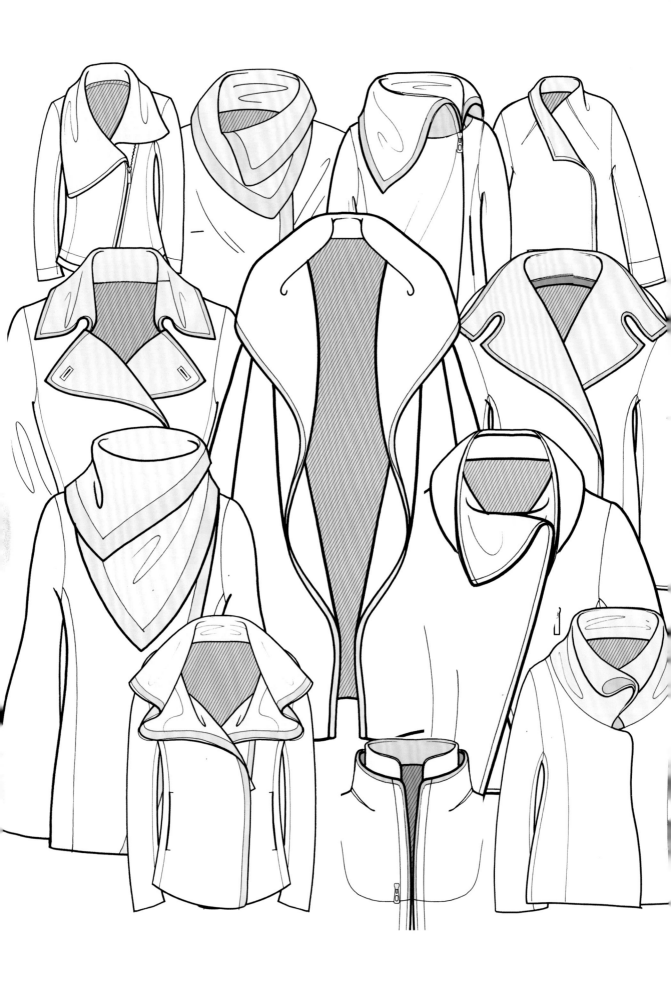

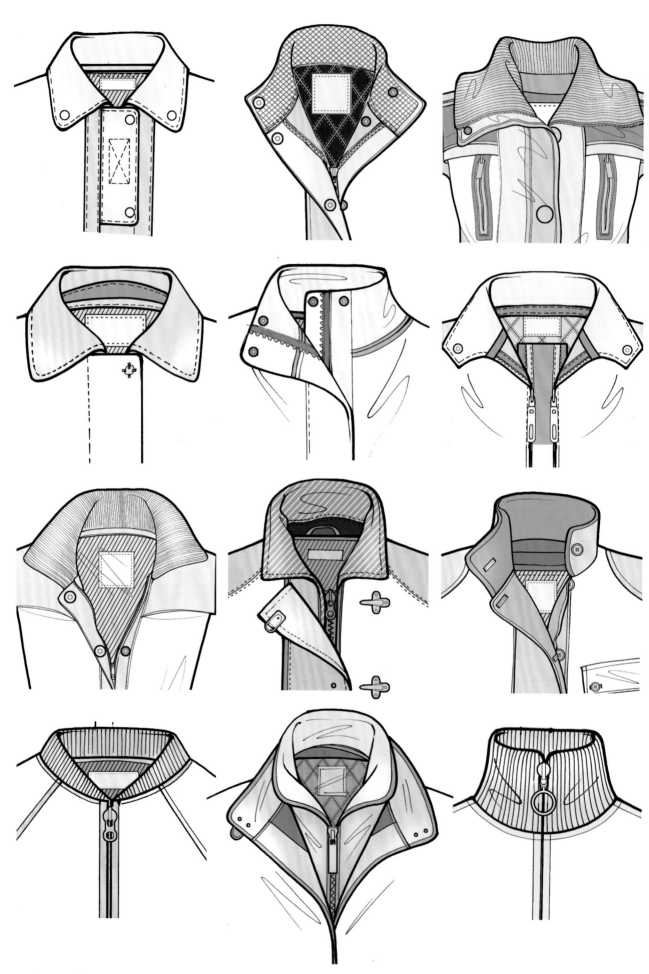

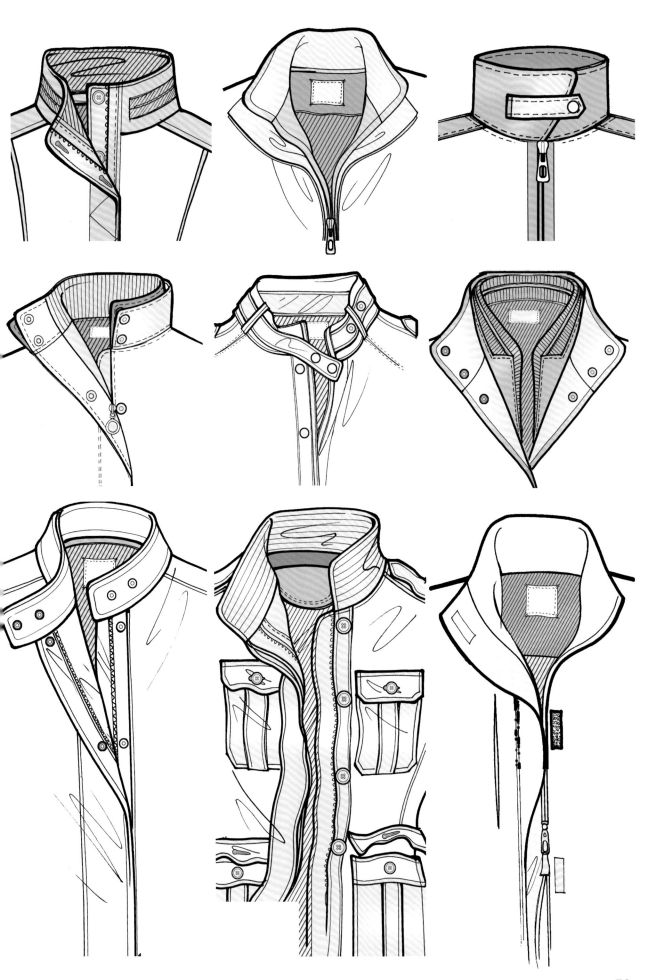

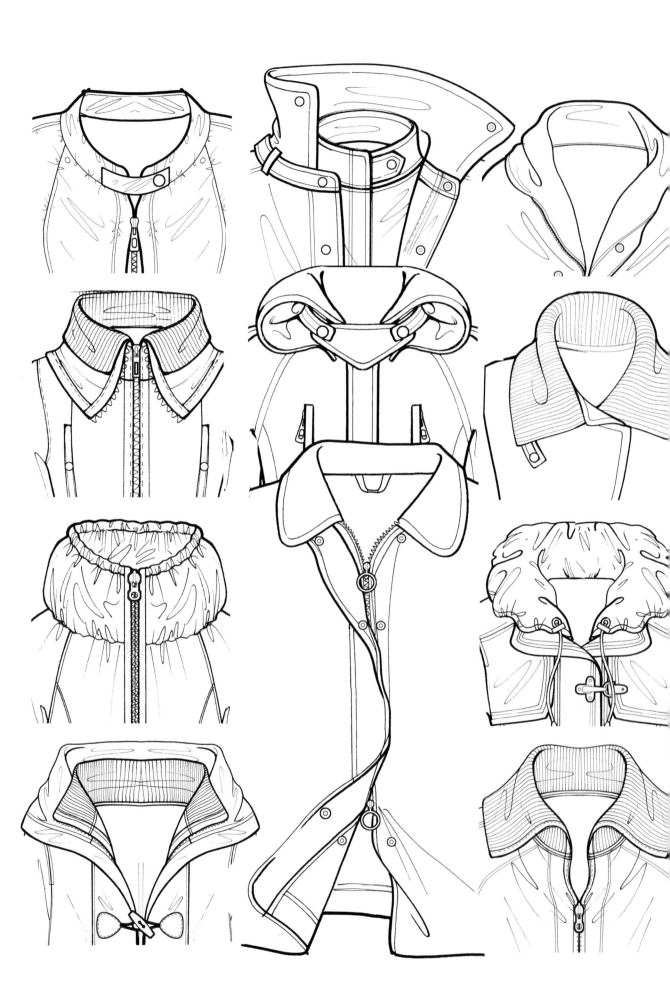

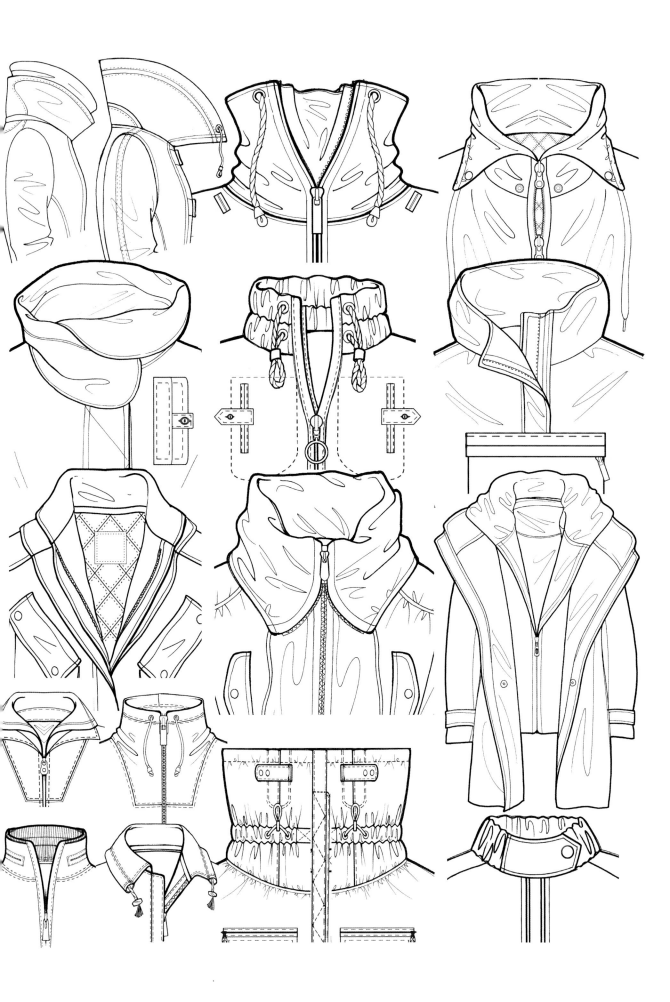

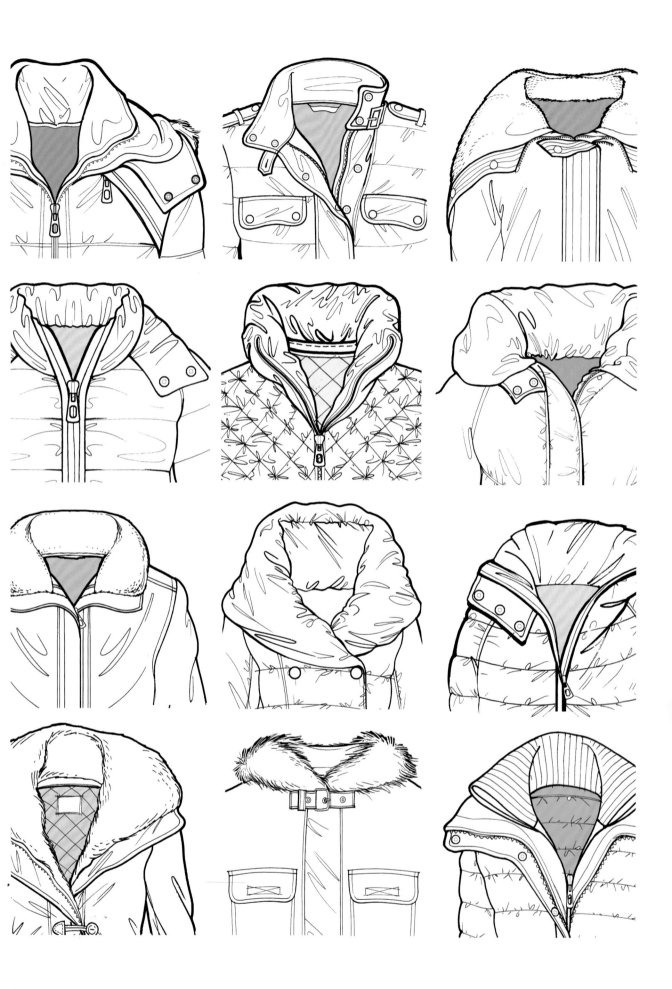

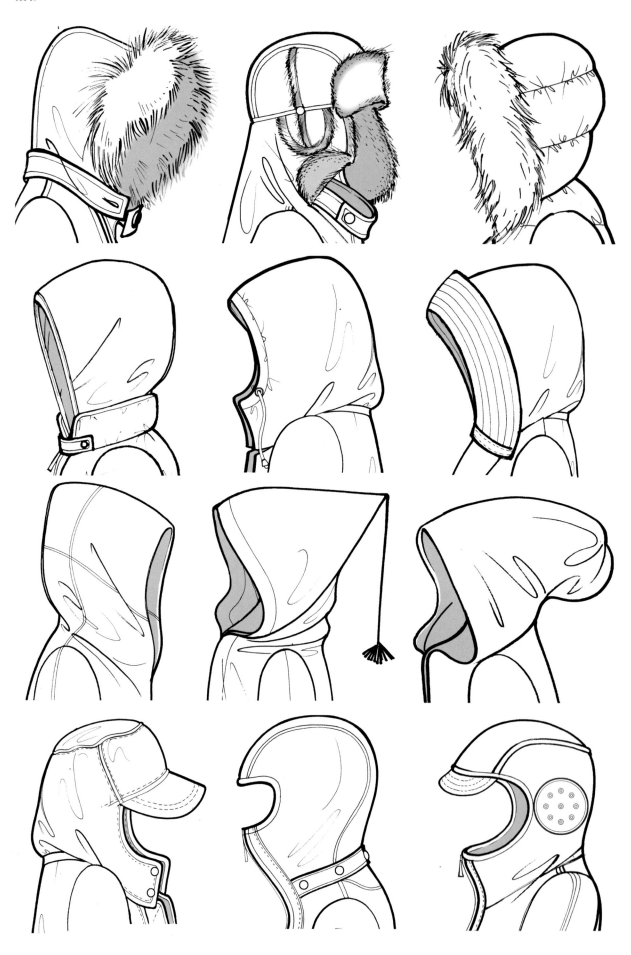

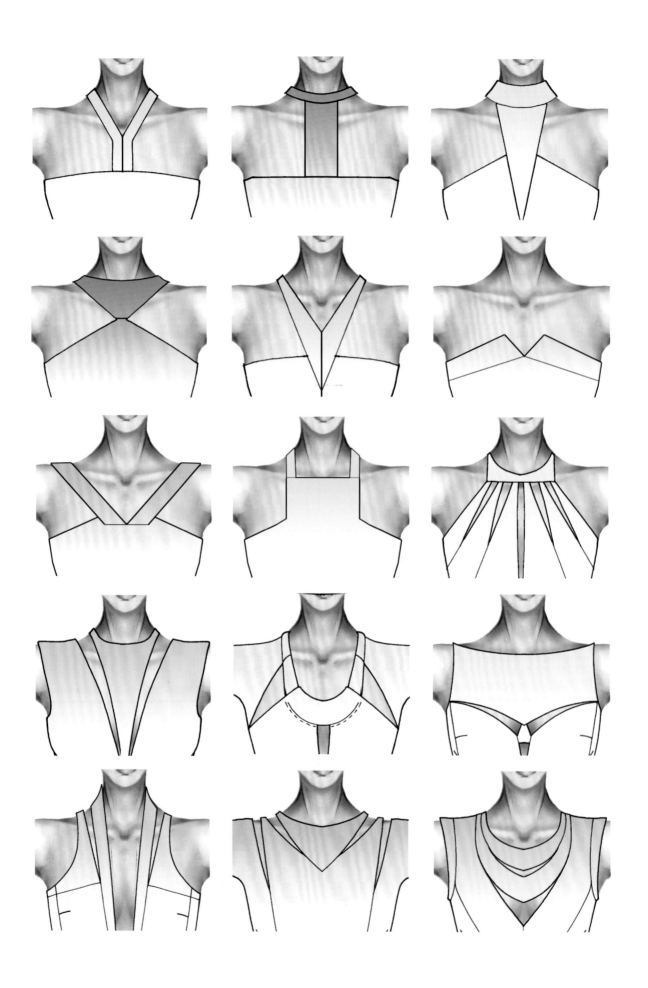

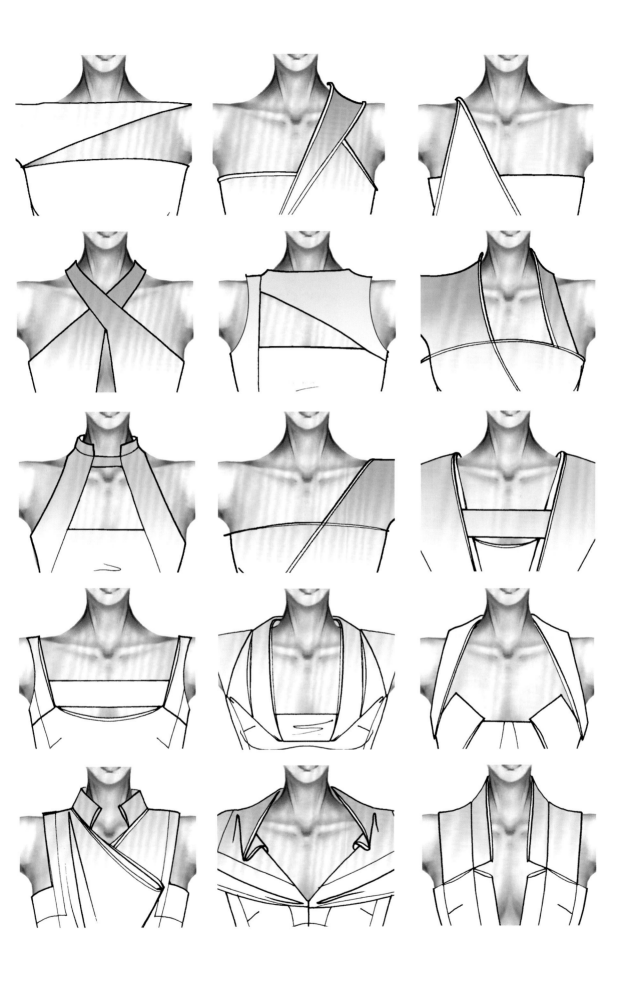

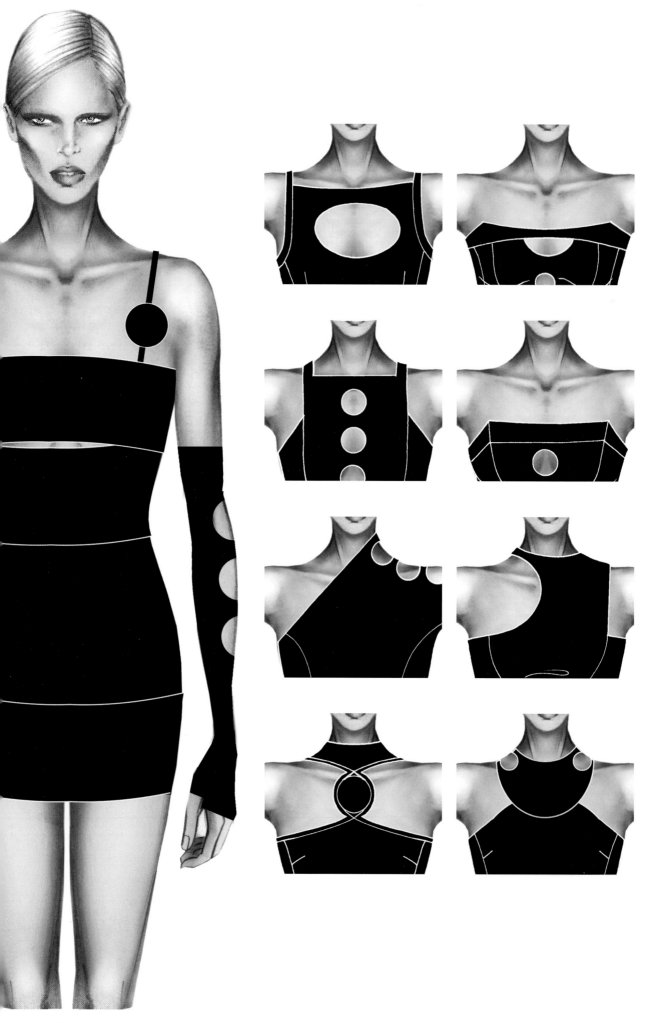

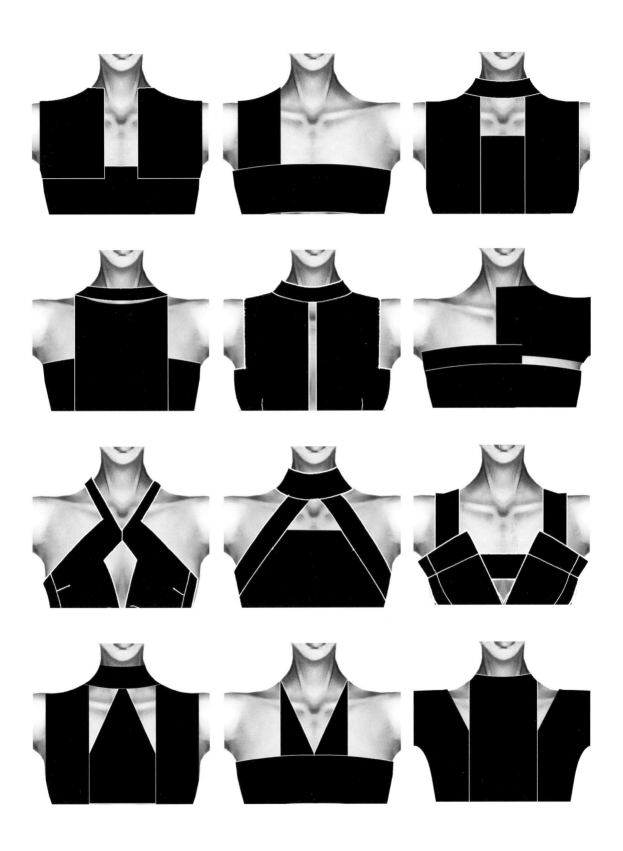

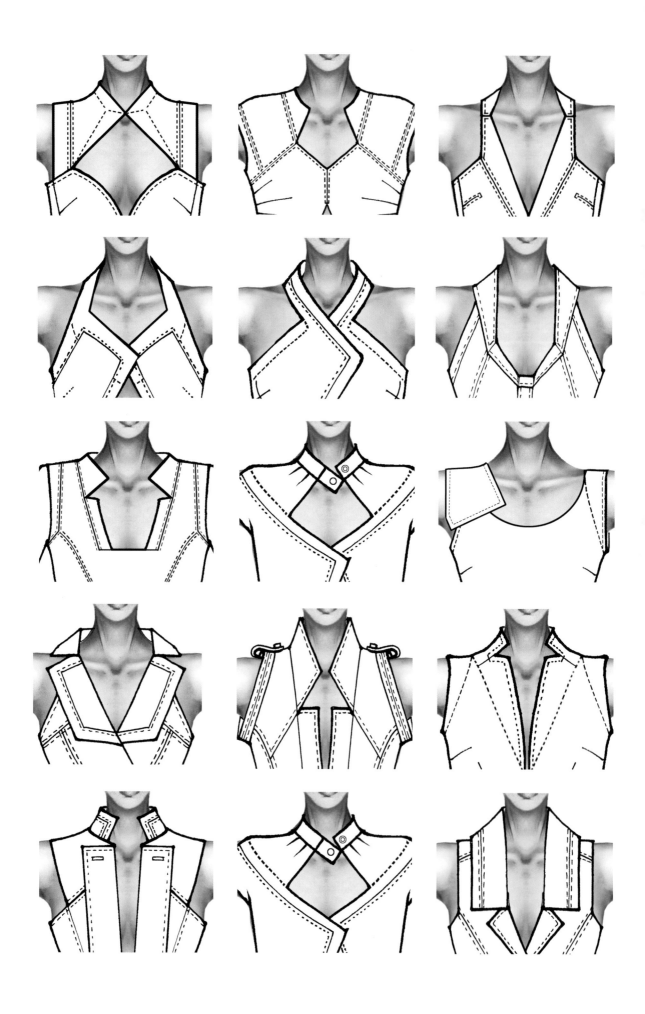

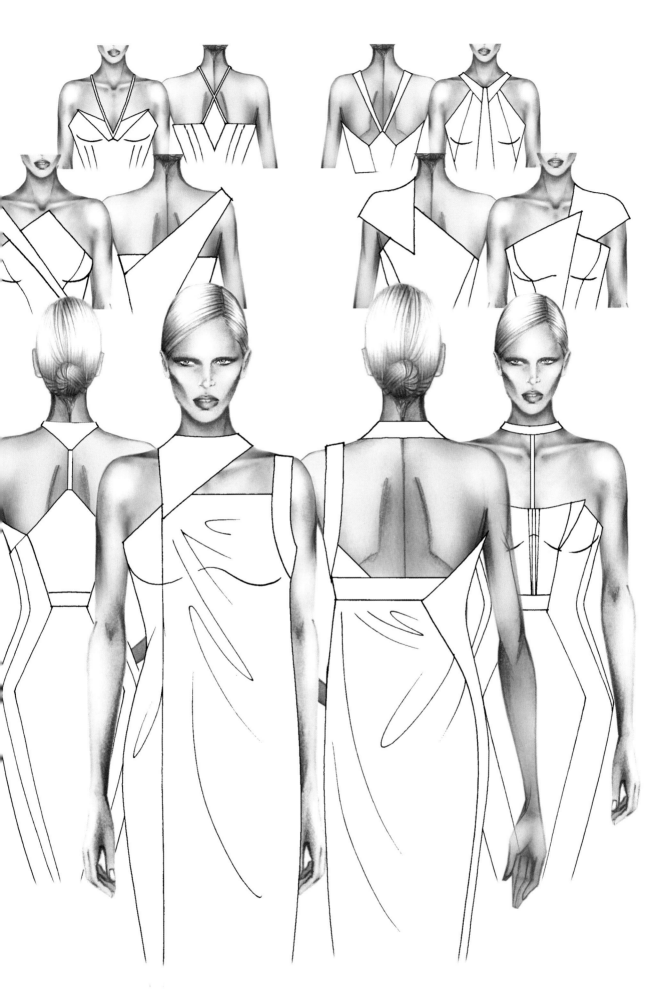

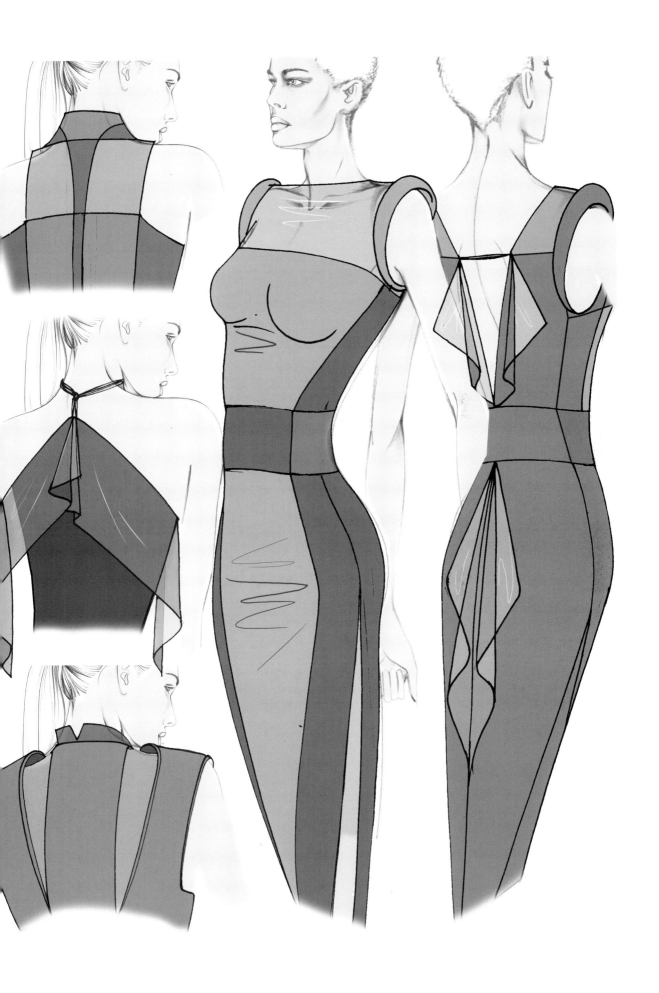

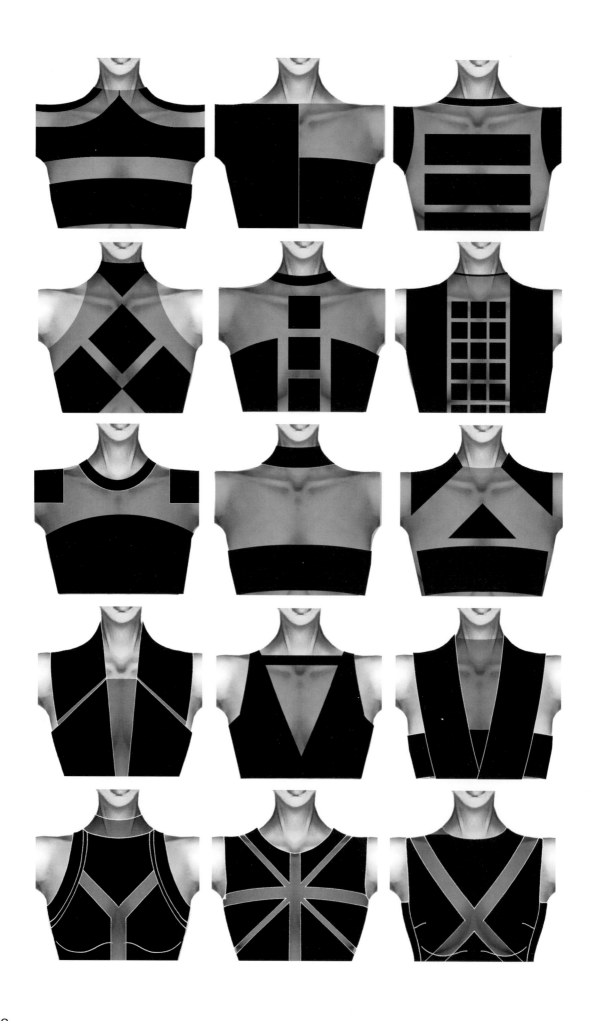

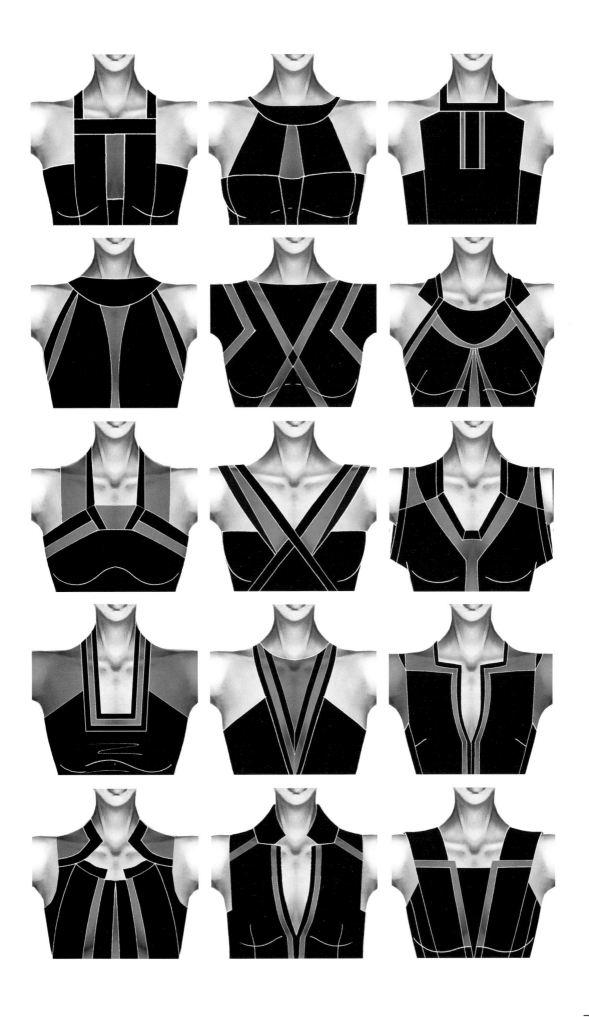

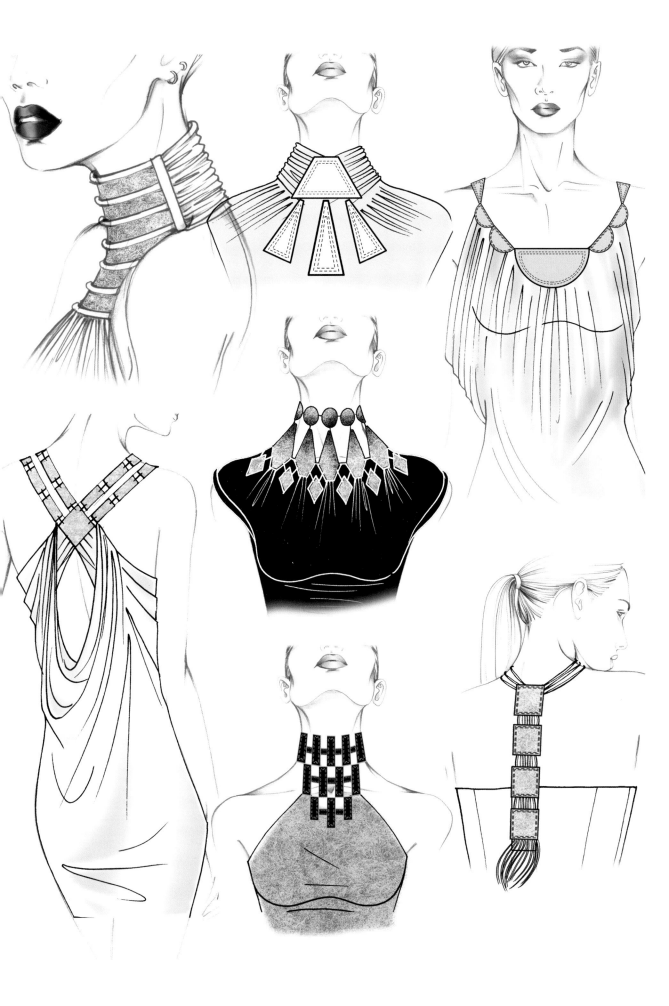

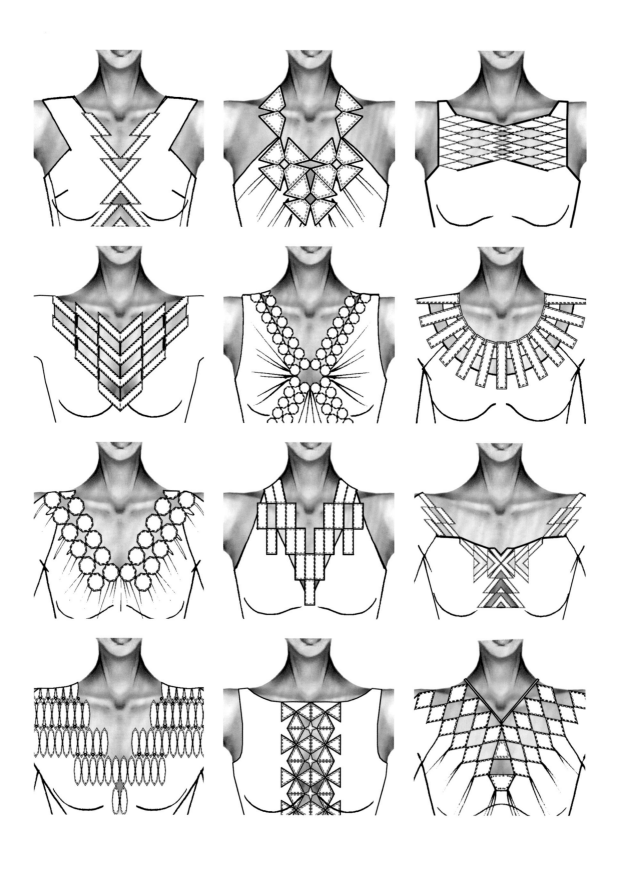

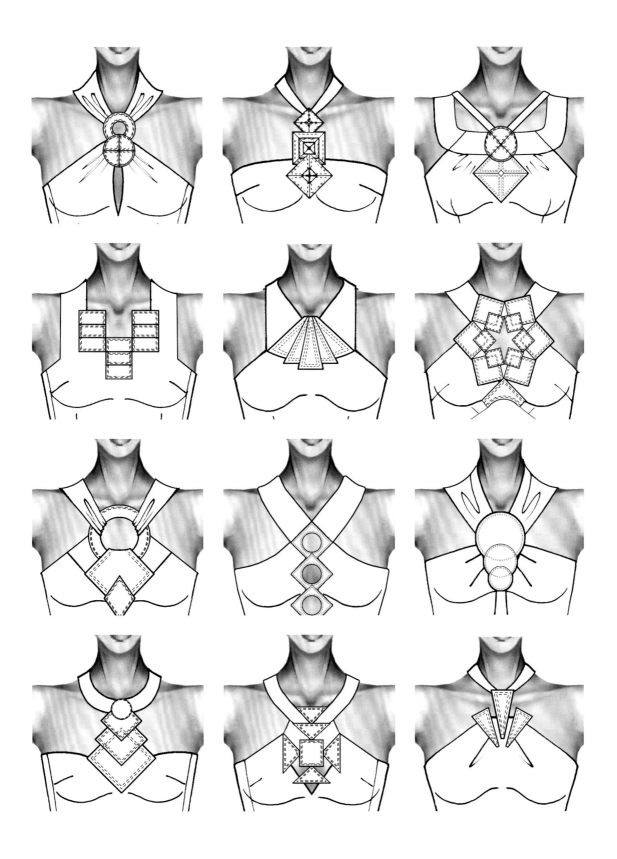

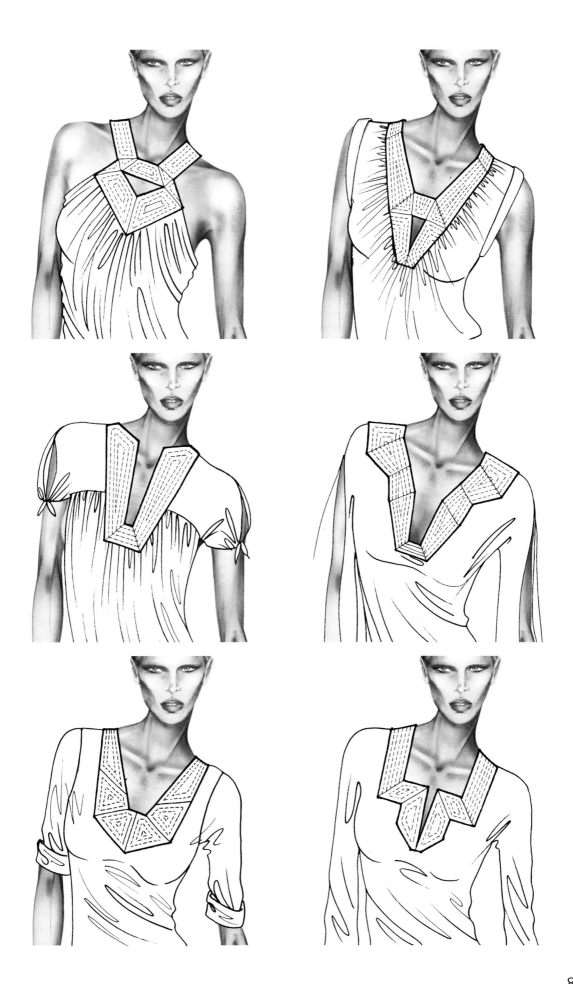

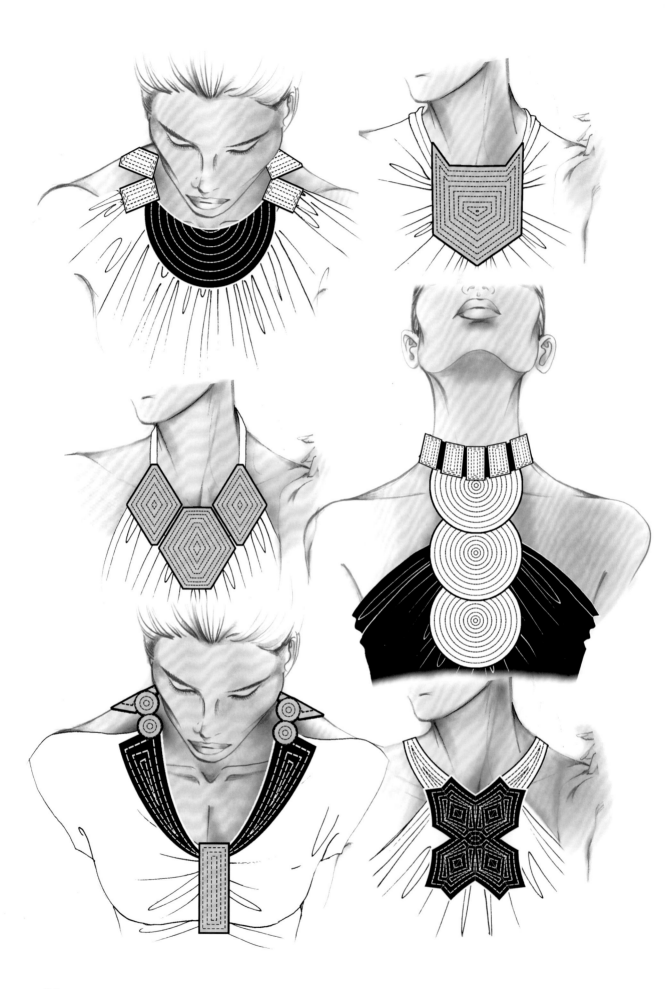

金属精饰

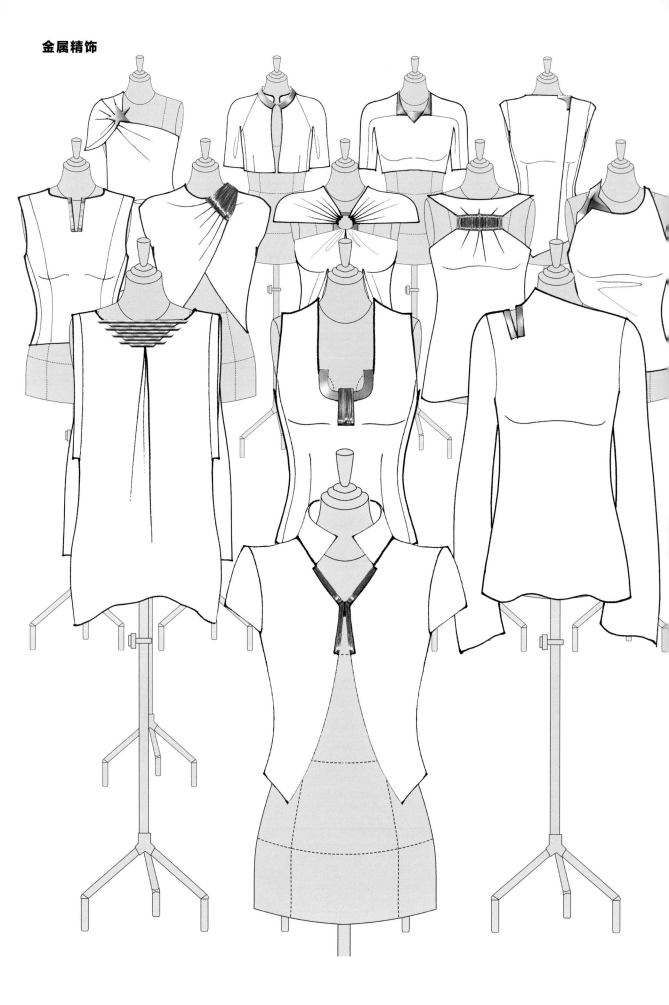

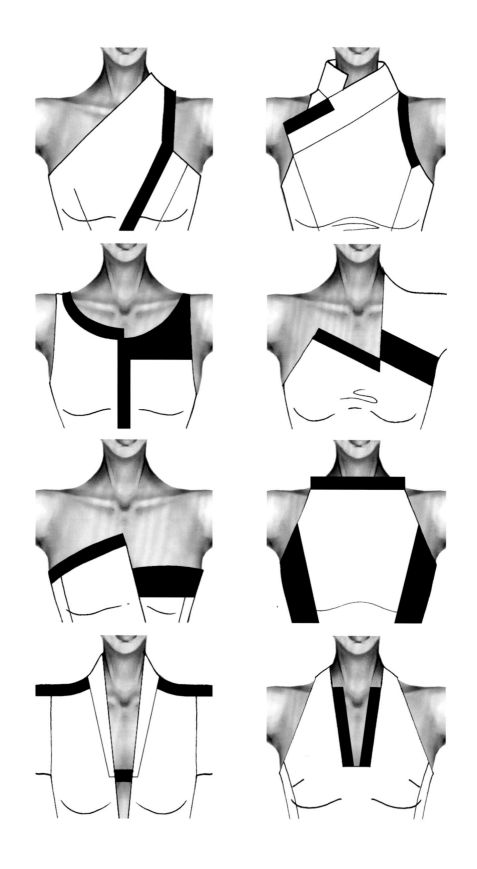

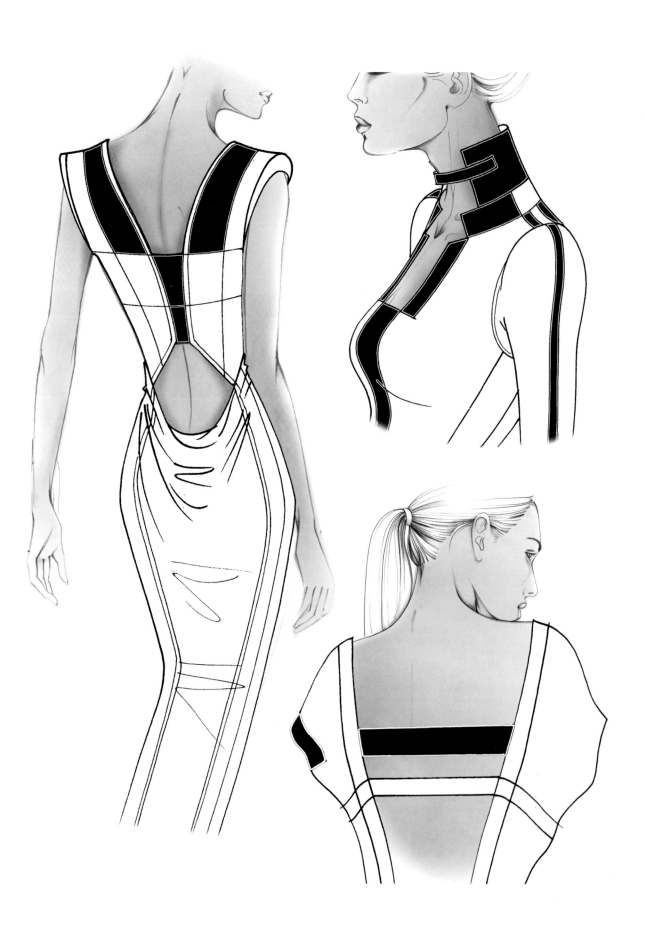

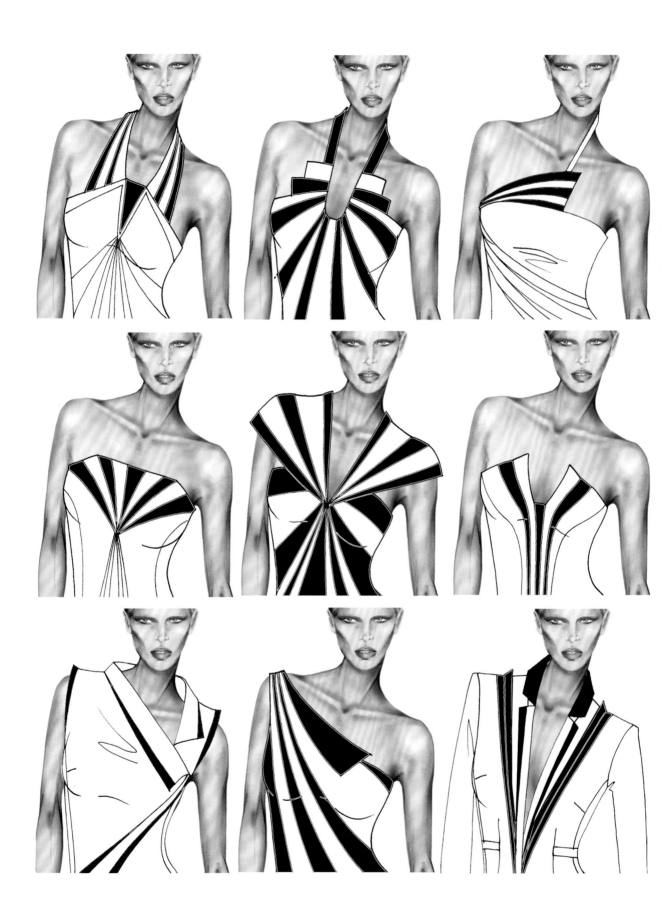

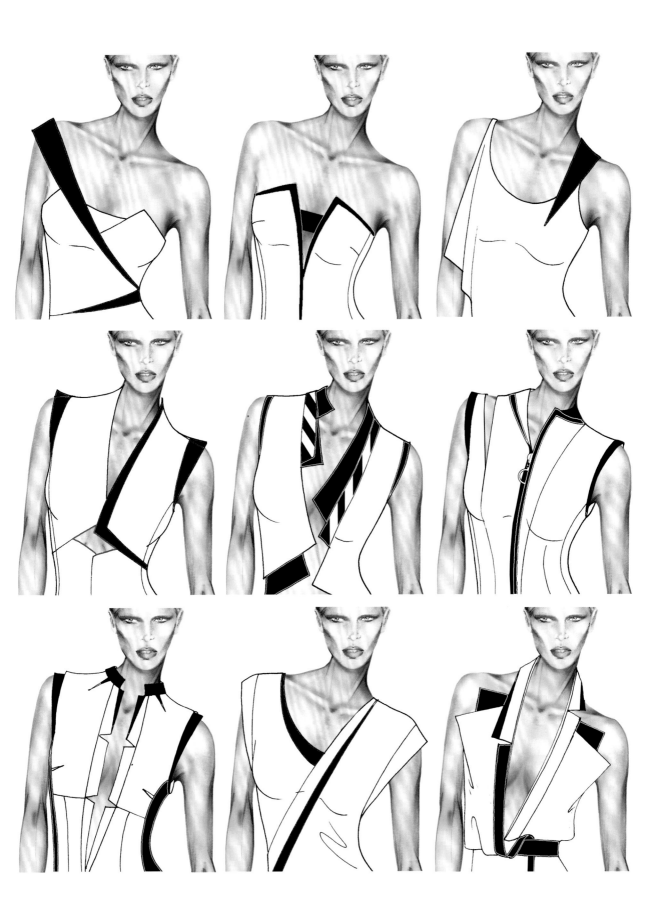

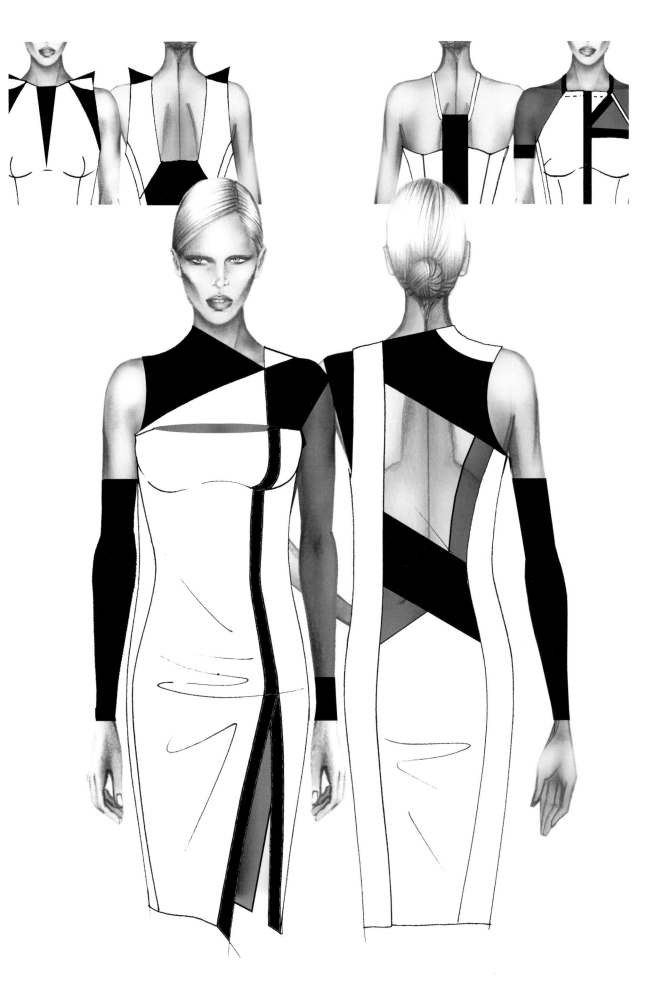

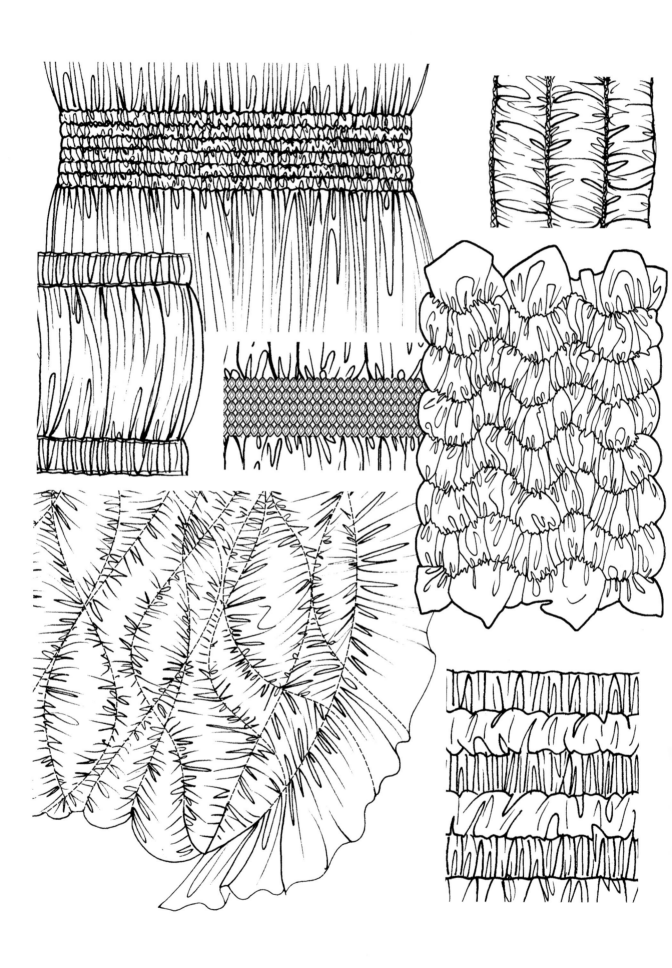

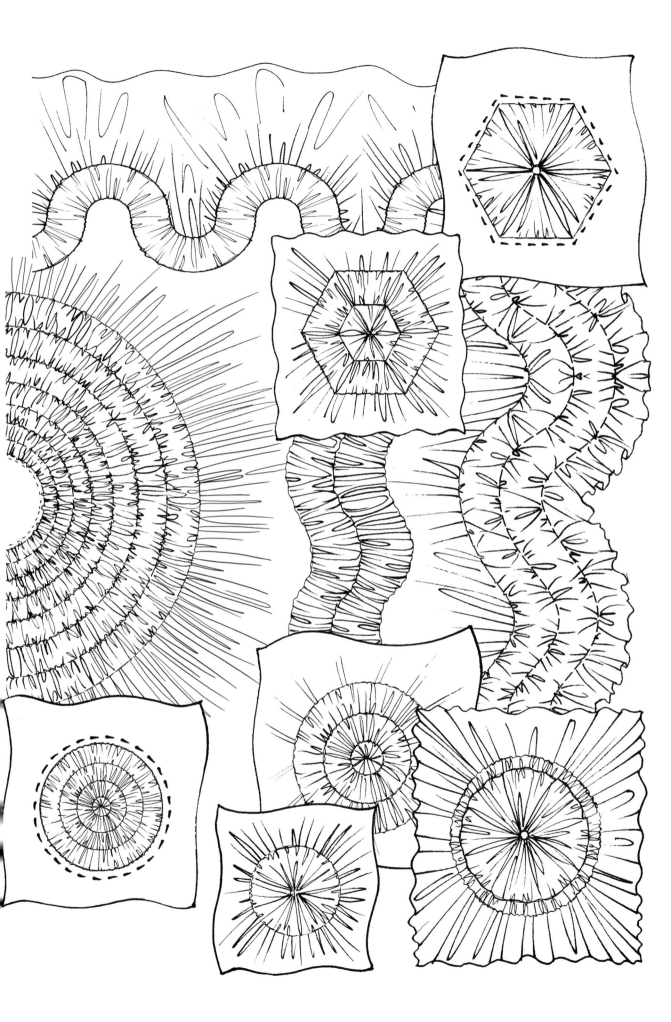

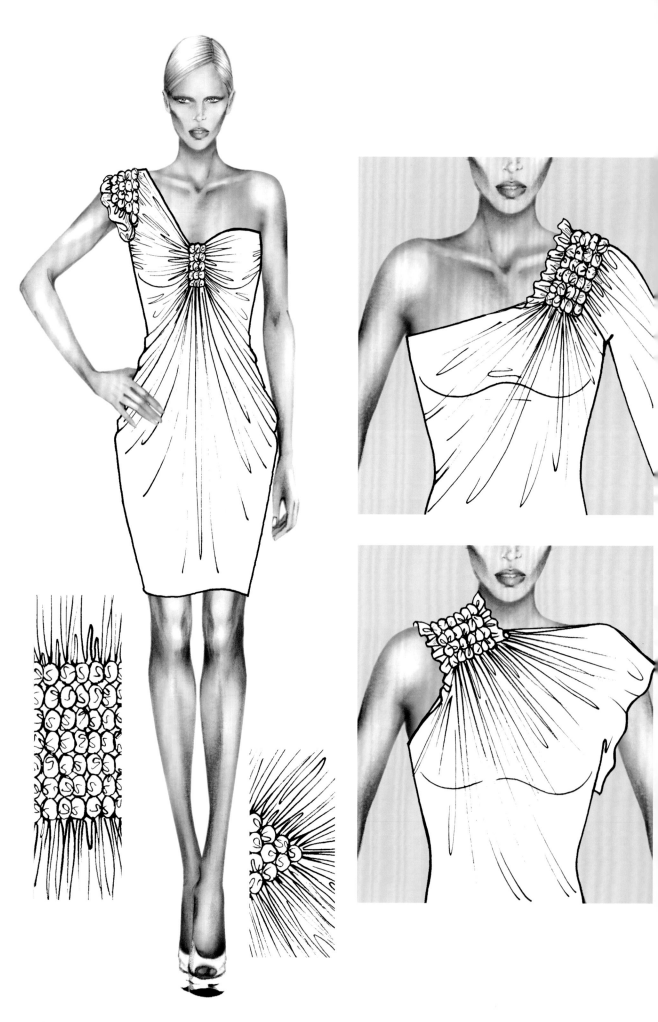

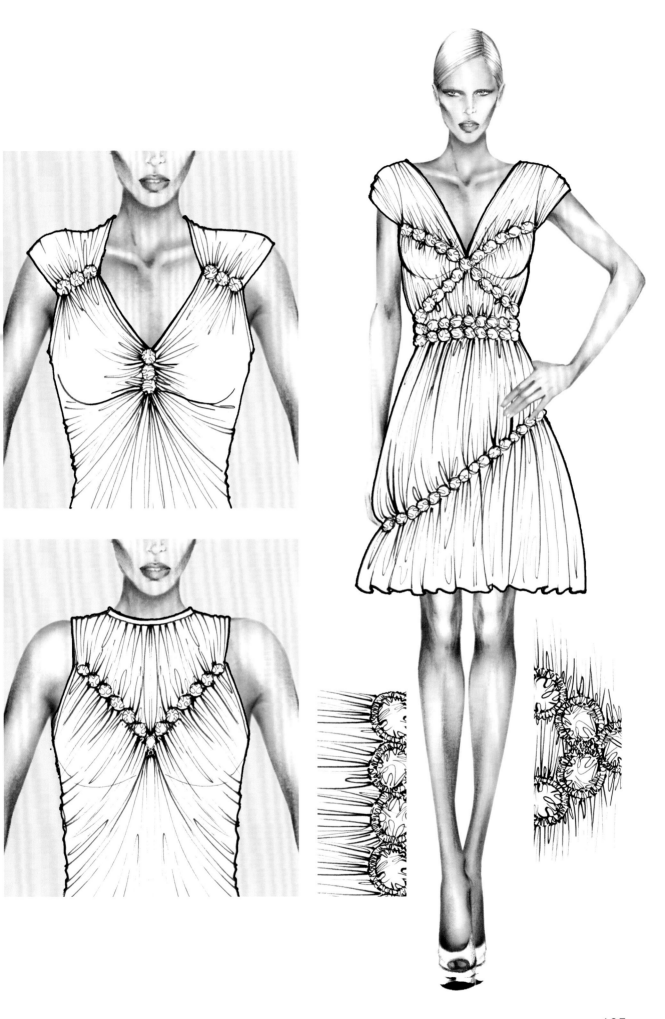

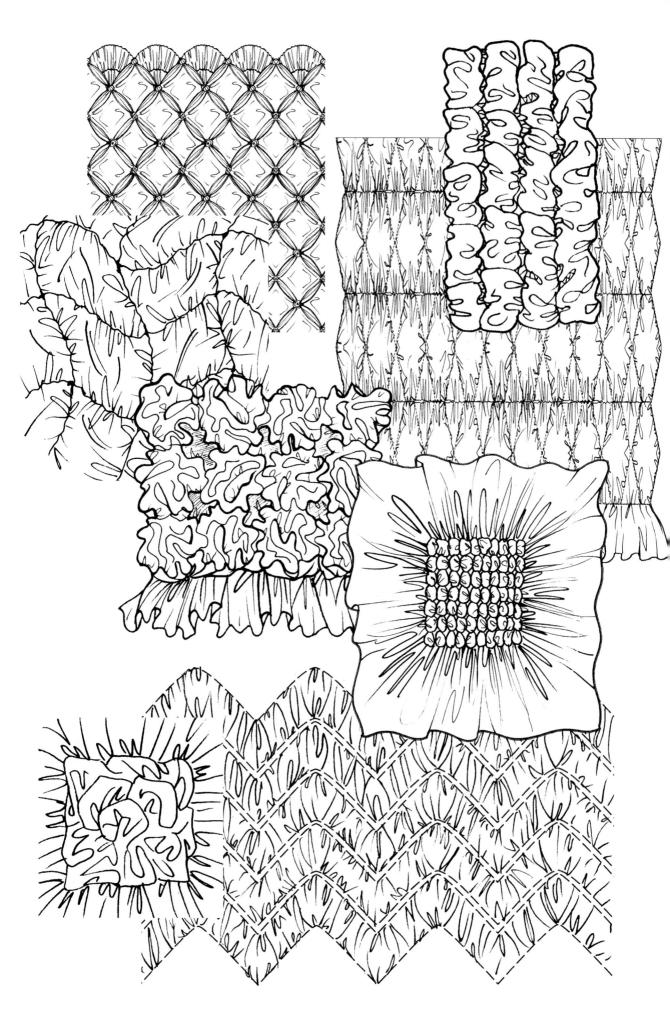

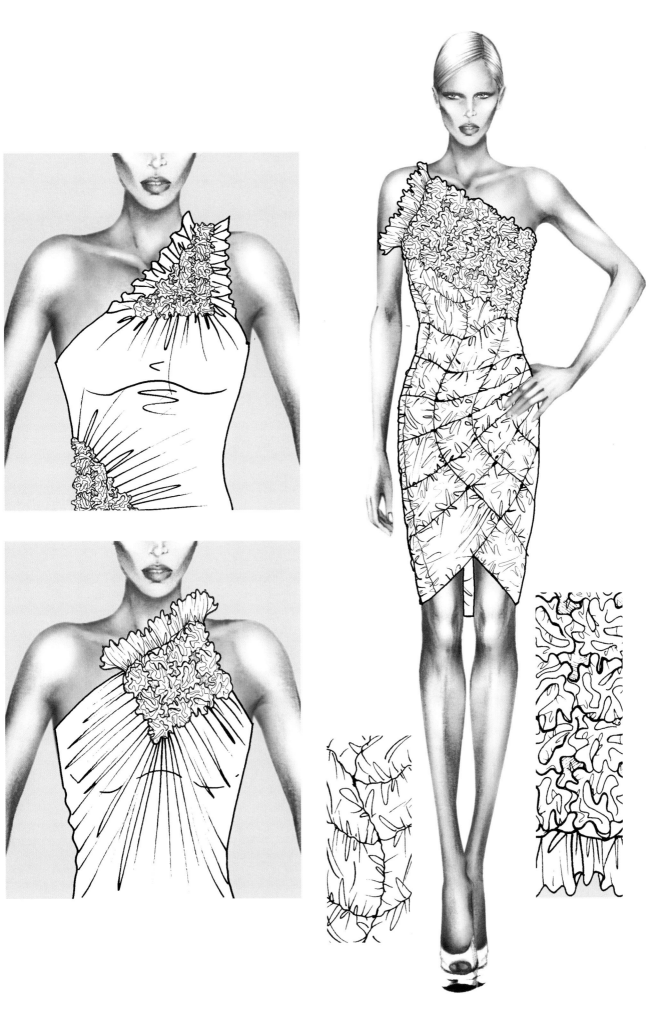

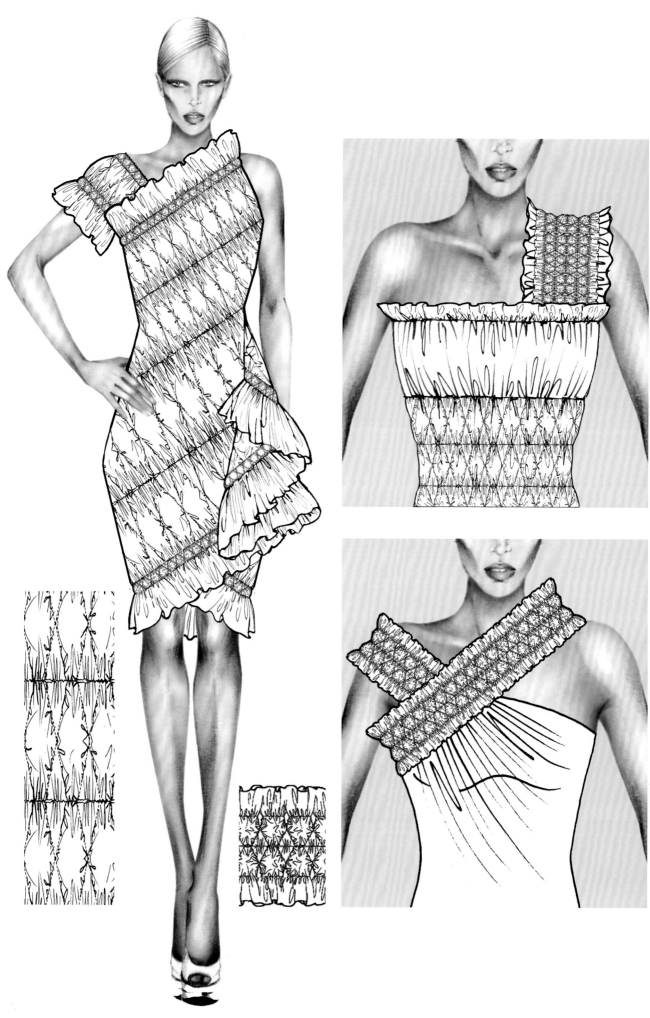

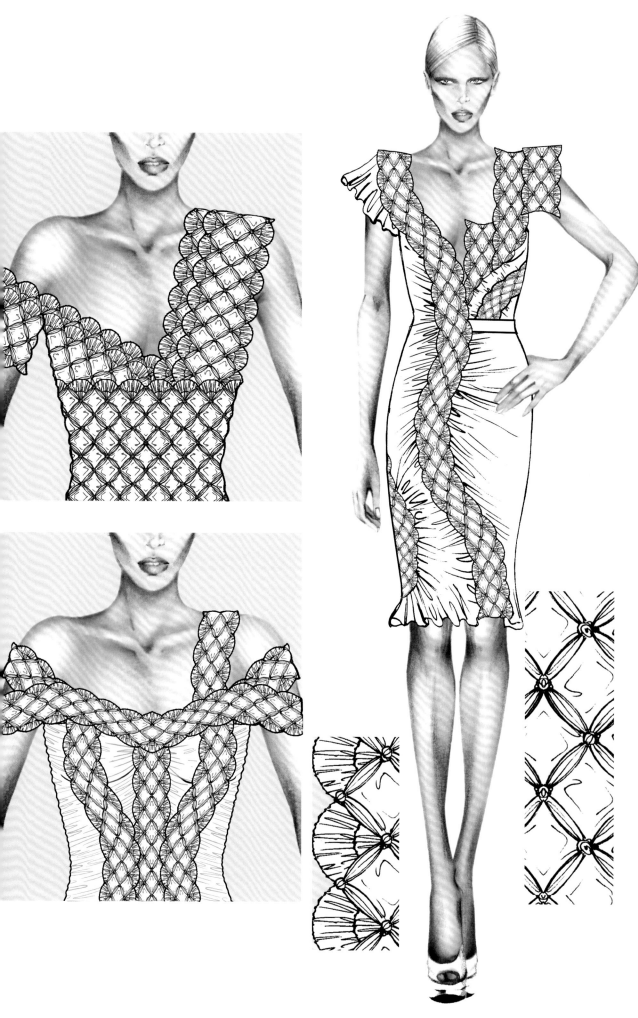

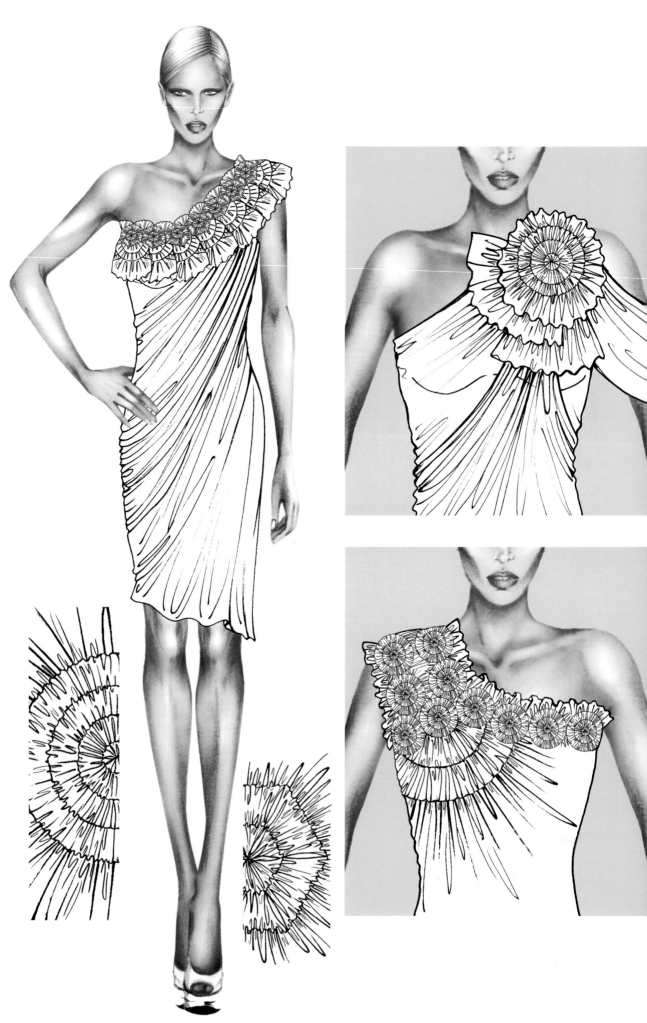

112

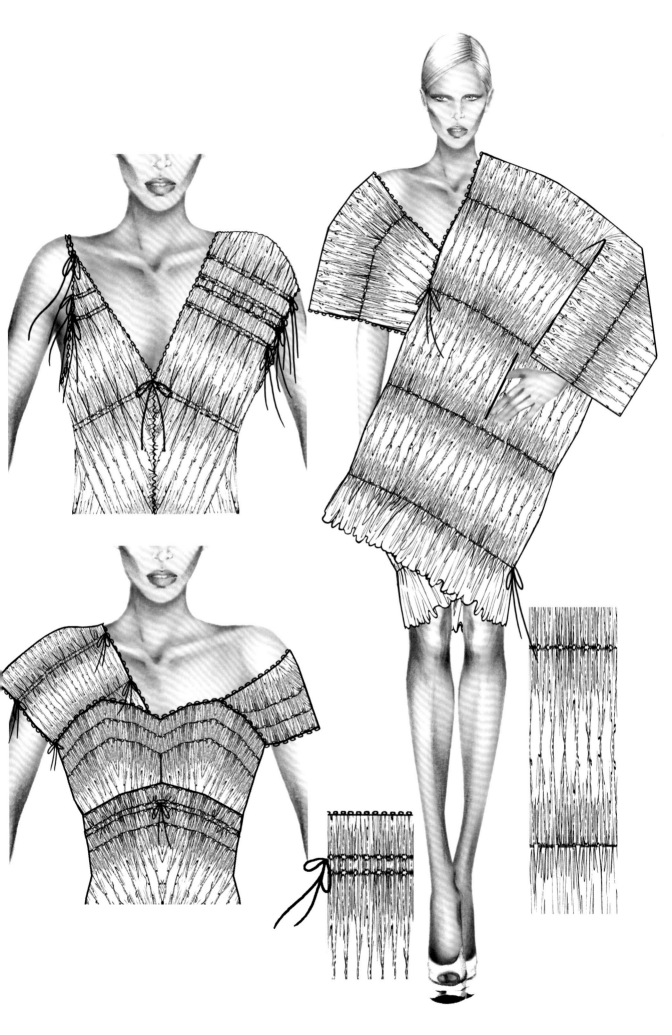

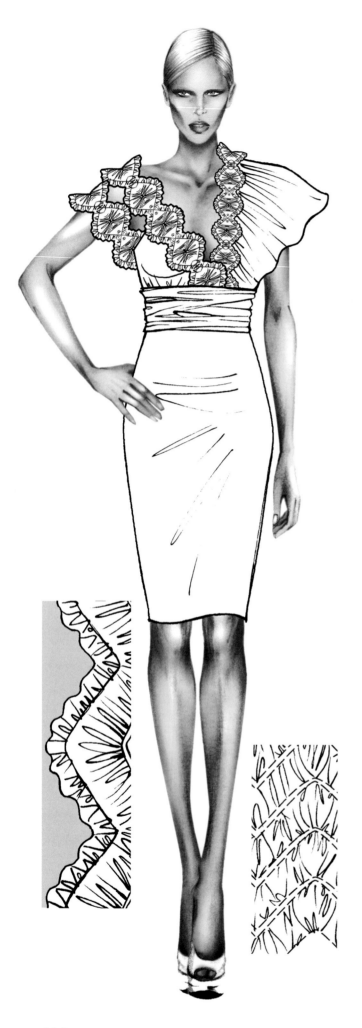

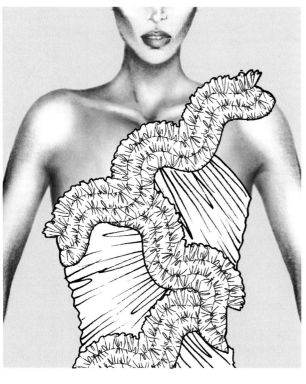

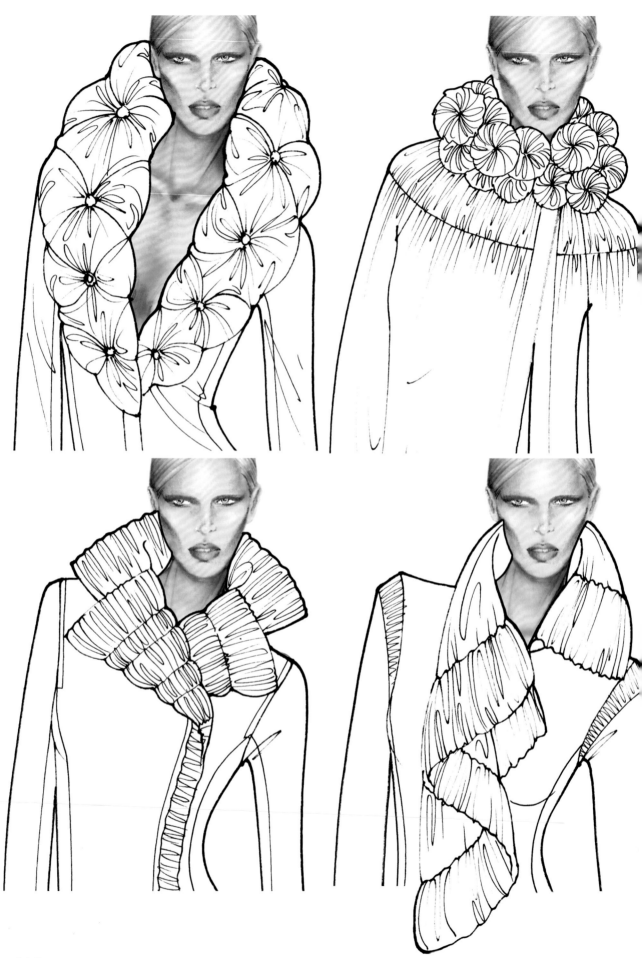

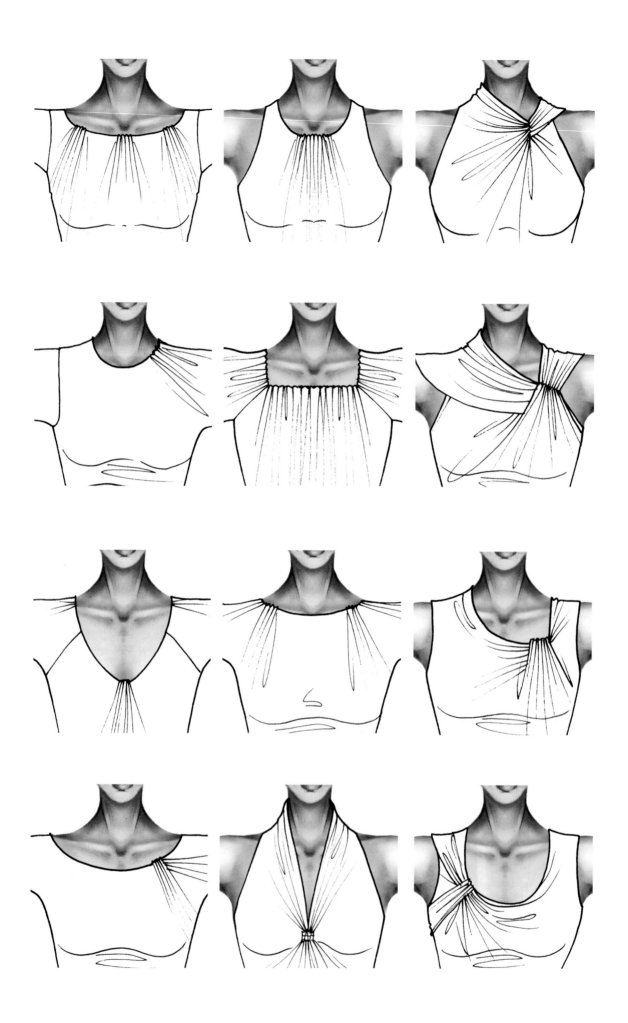

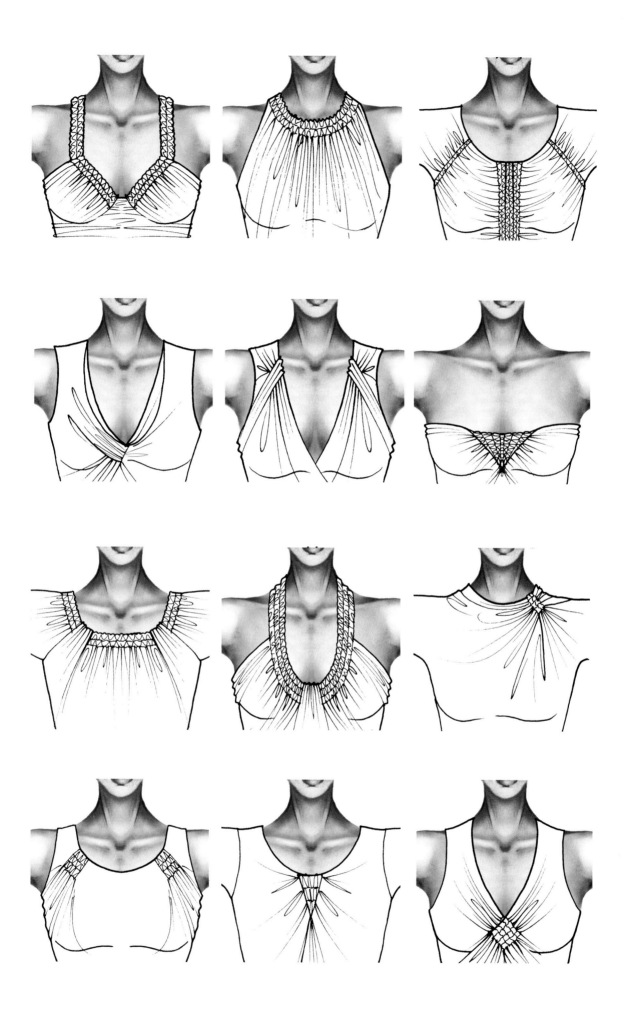

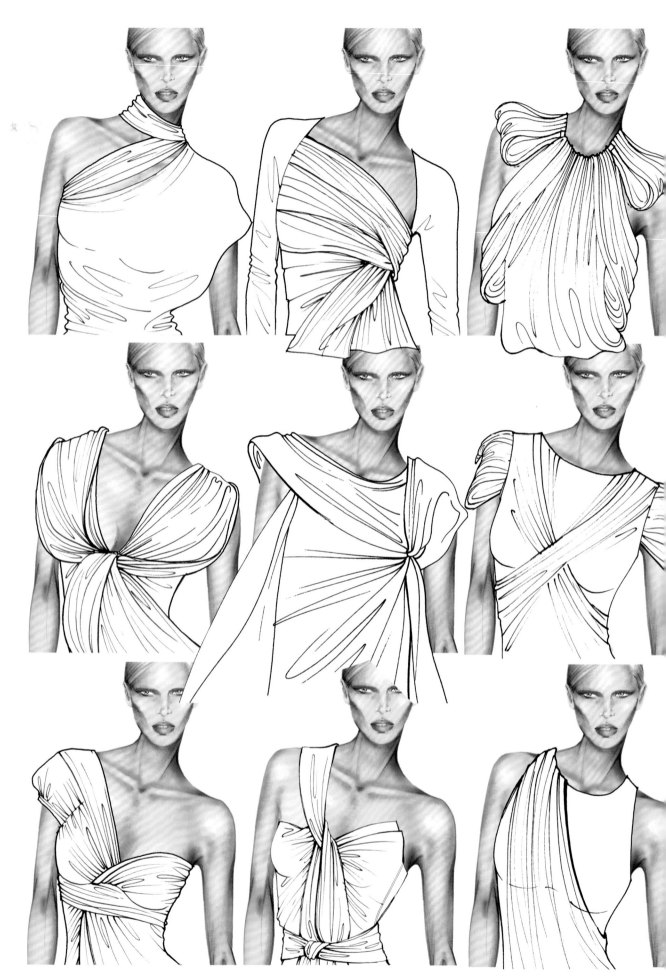

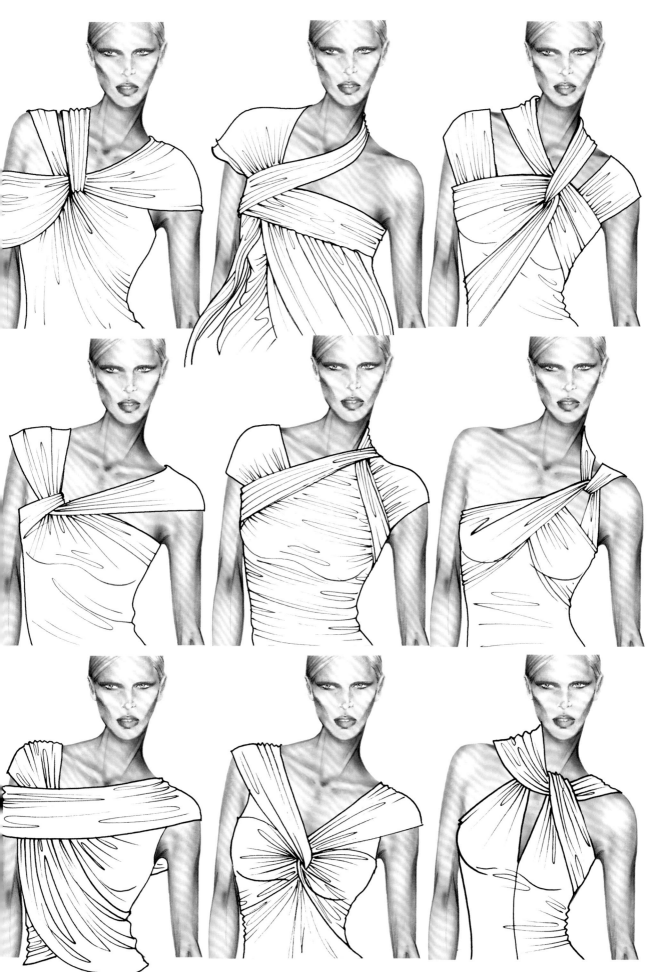

121

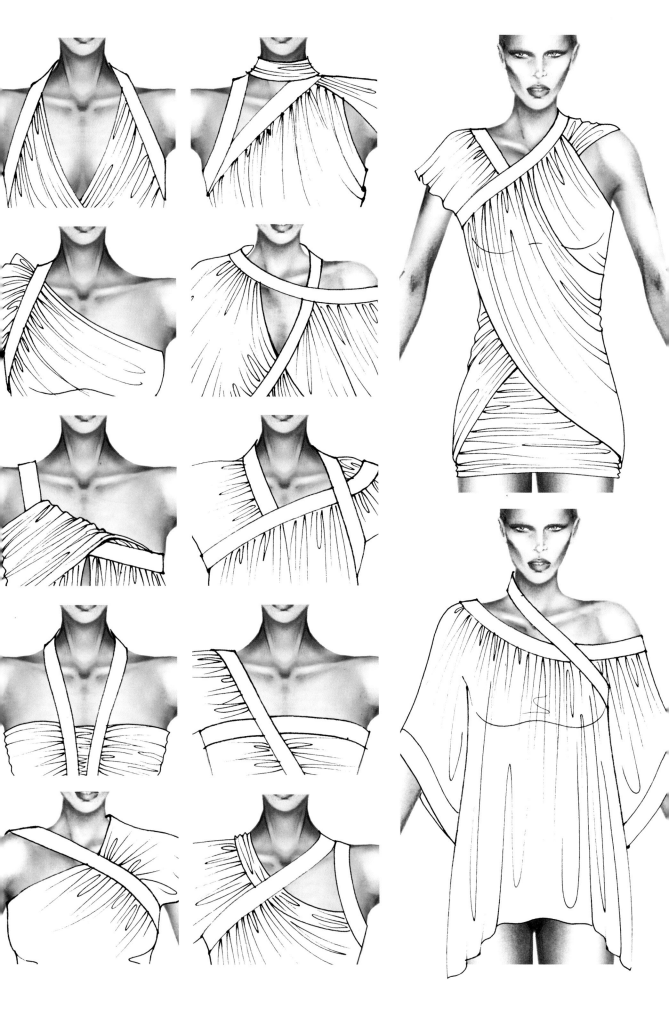

123

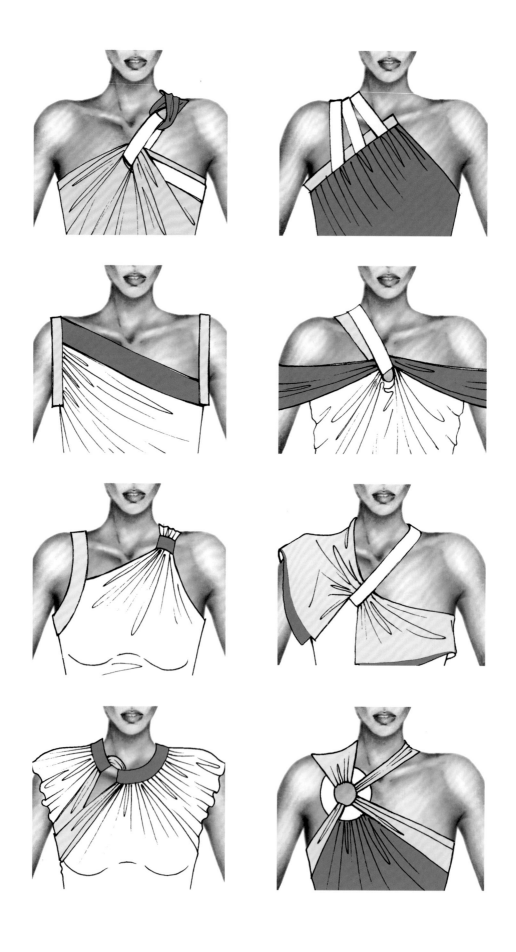

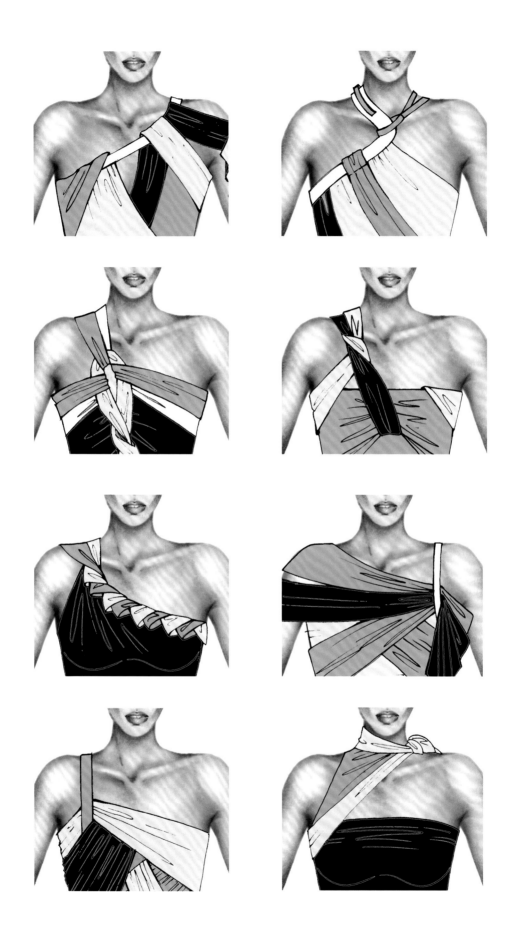

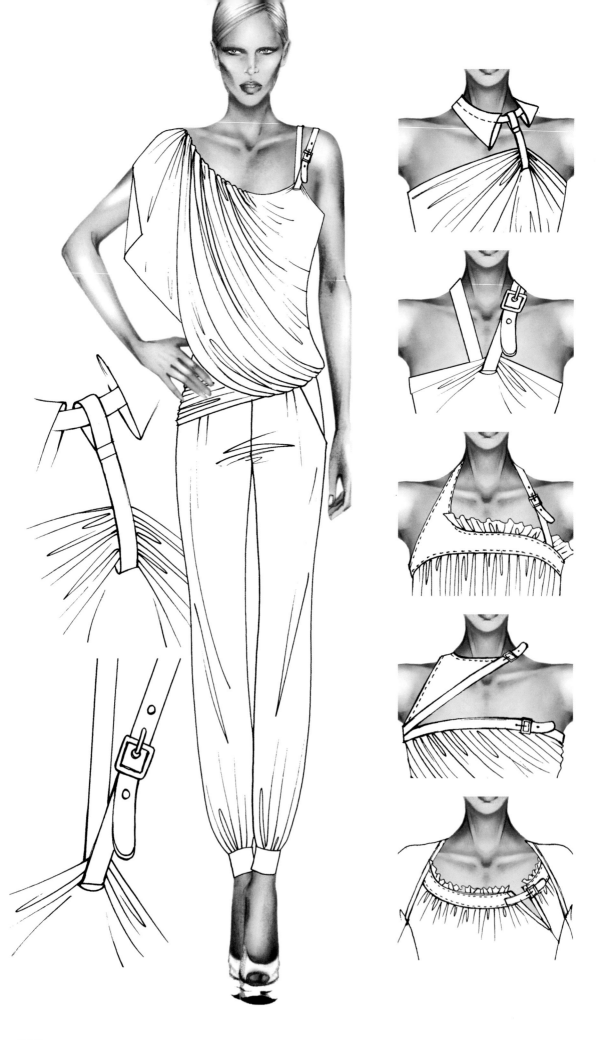

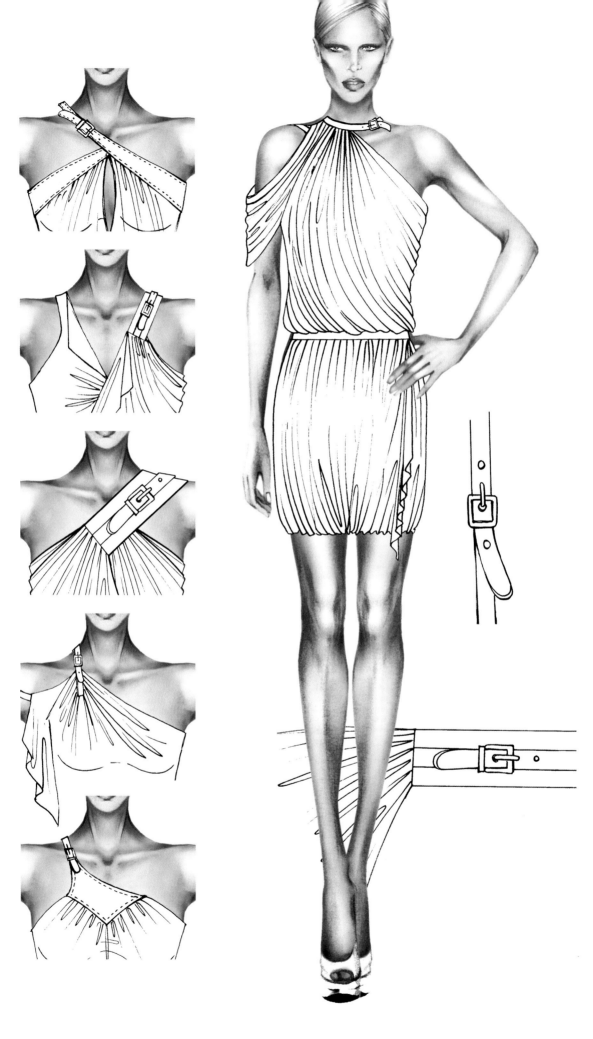

131

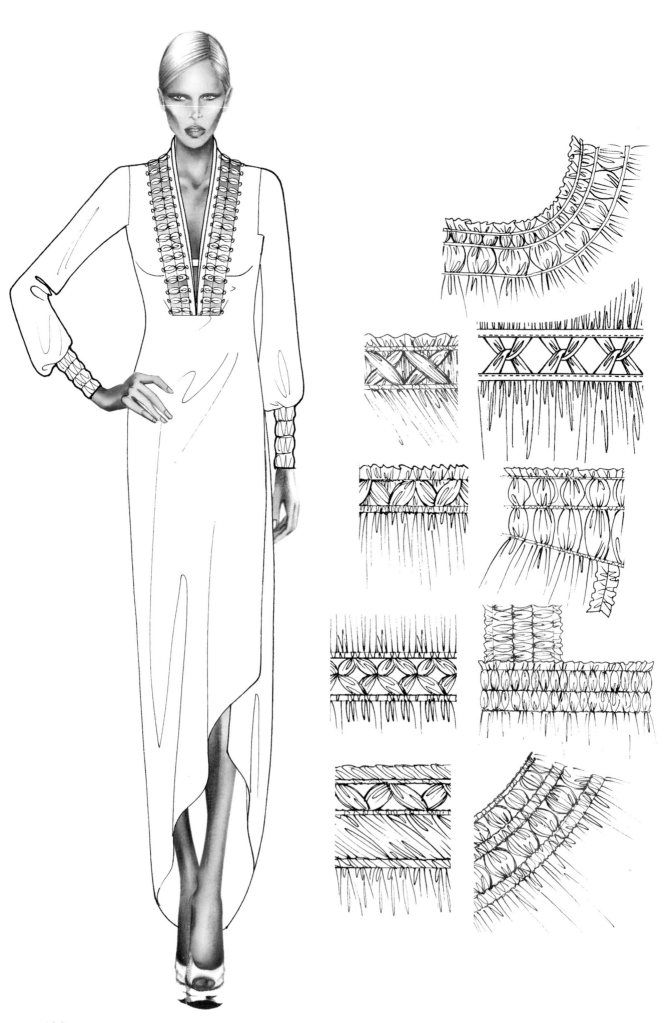

132

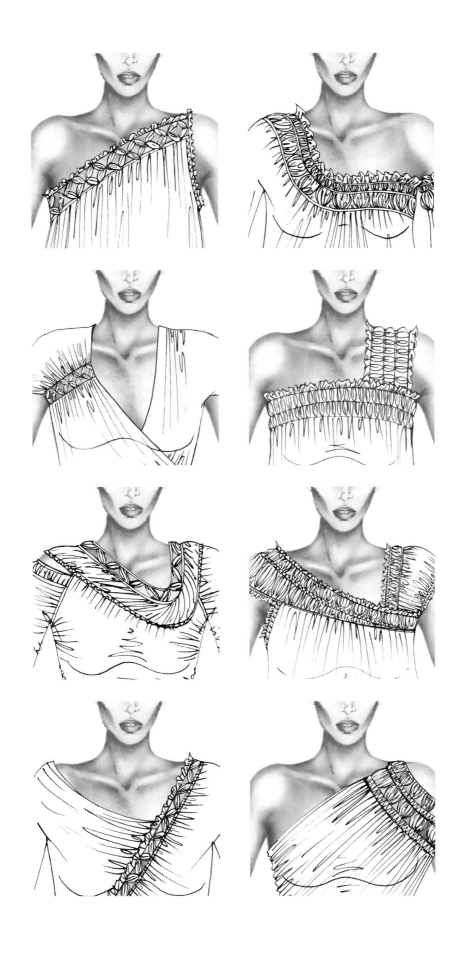

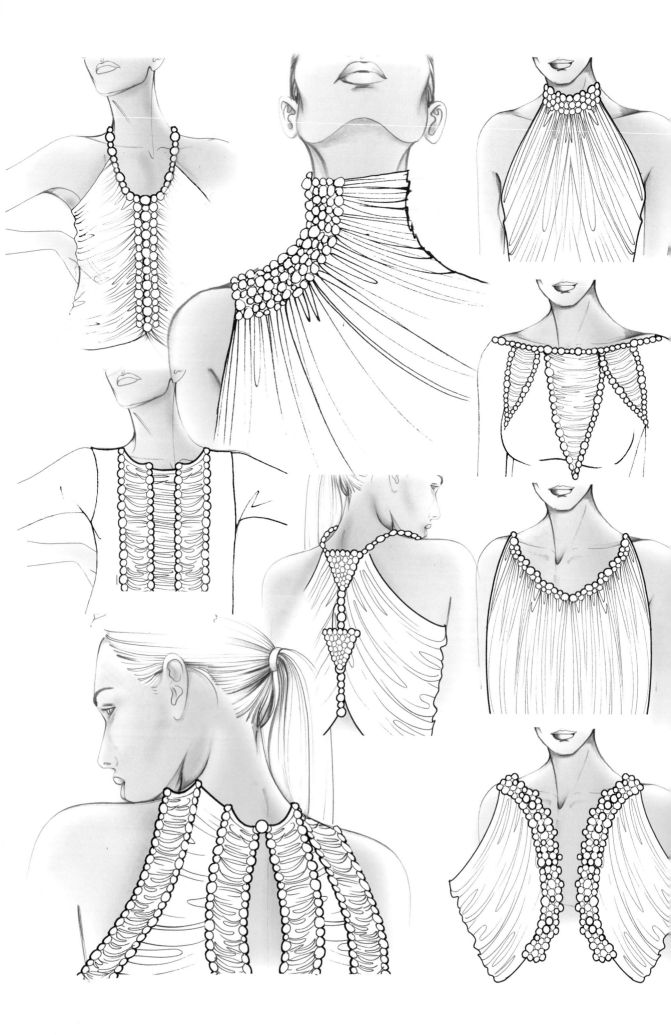

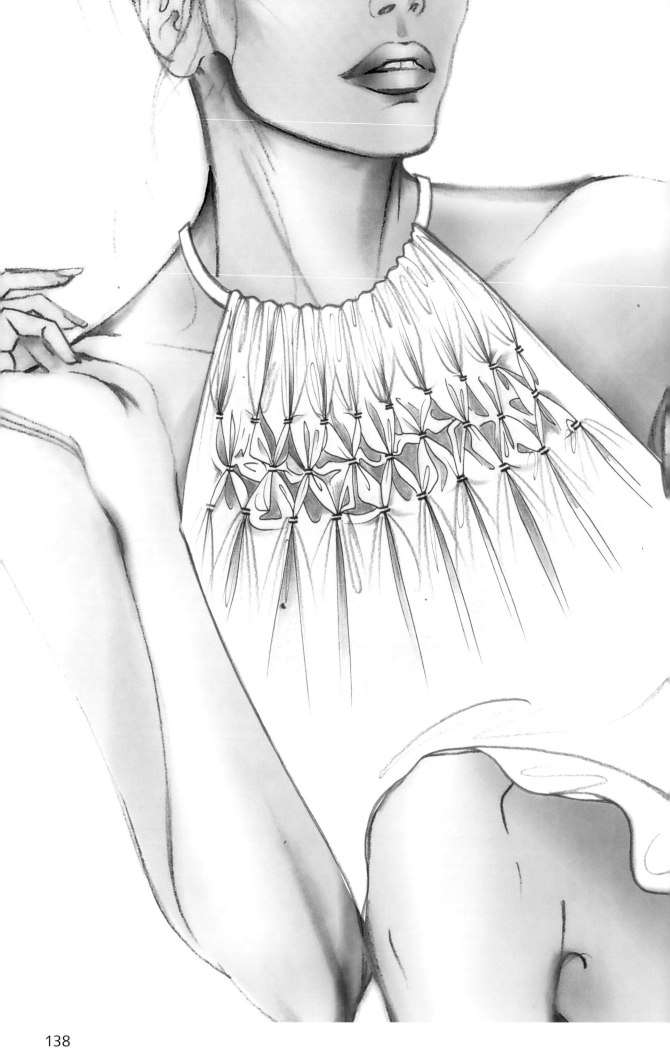

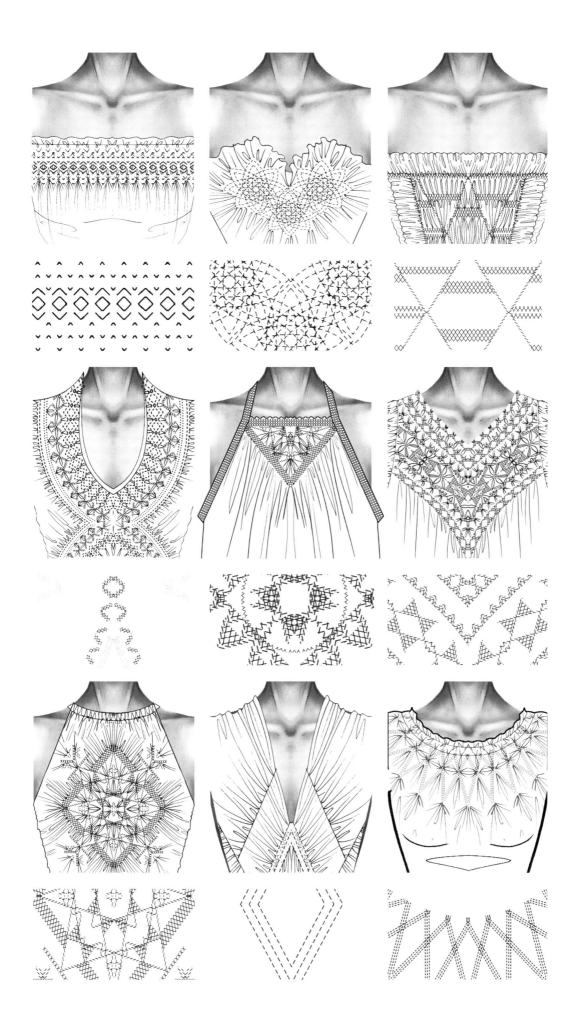

拉带

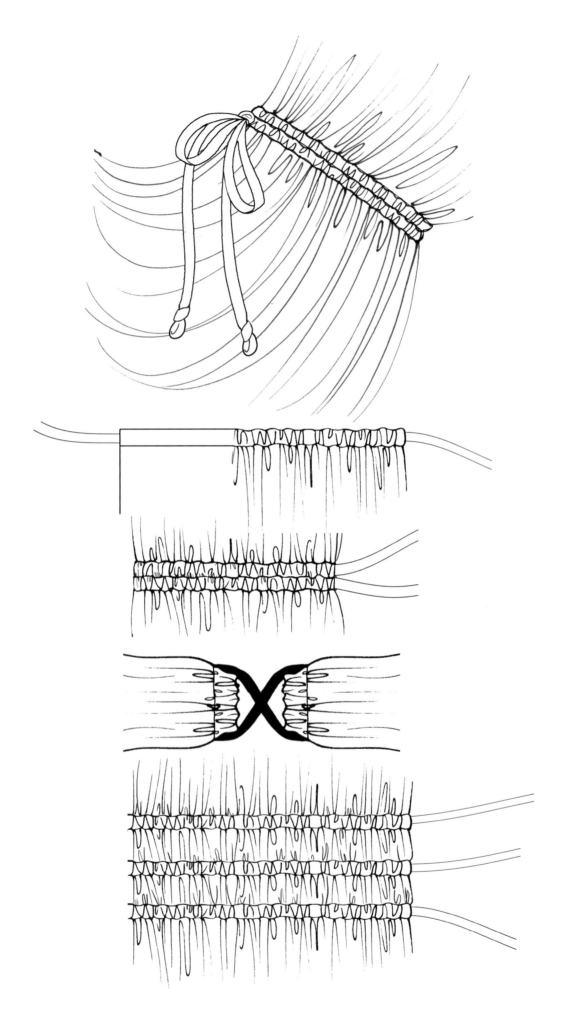

140

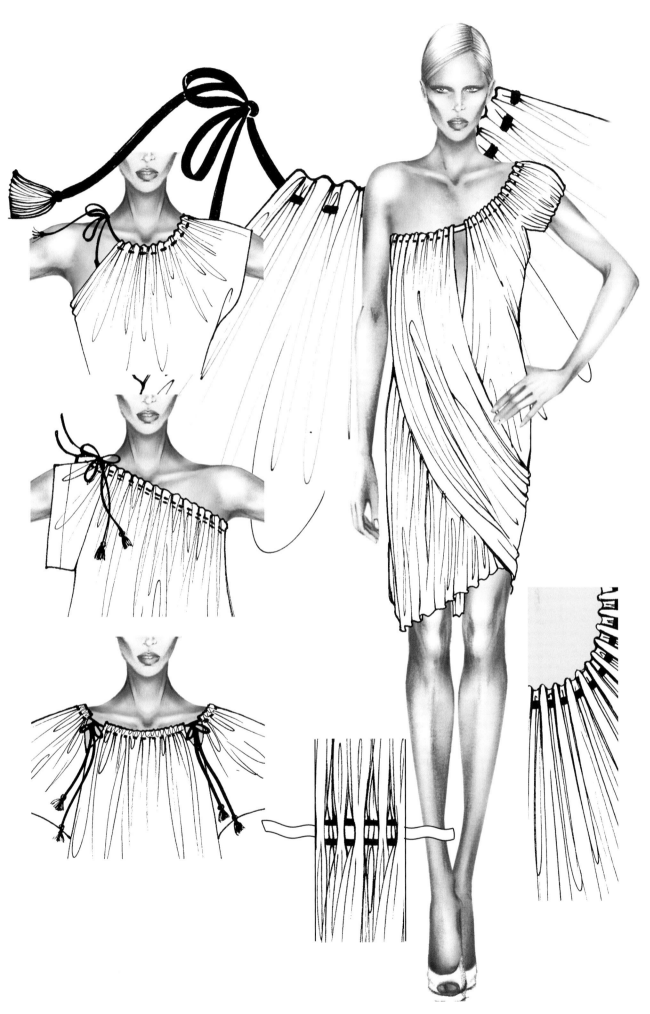

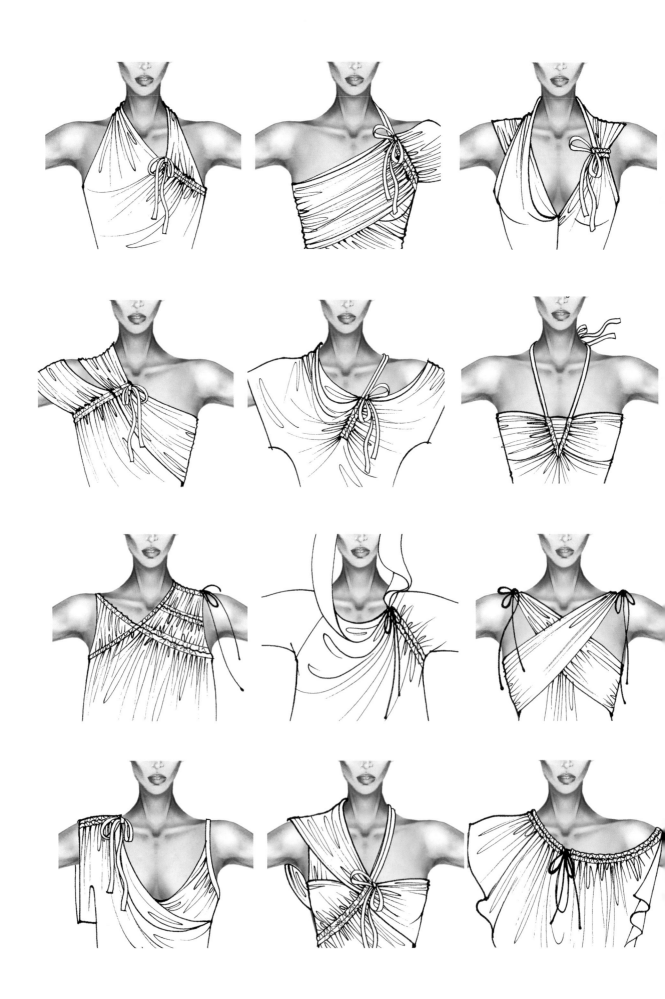

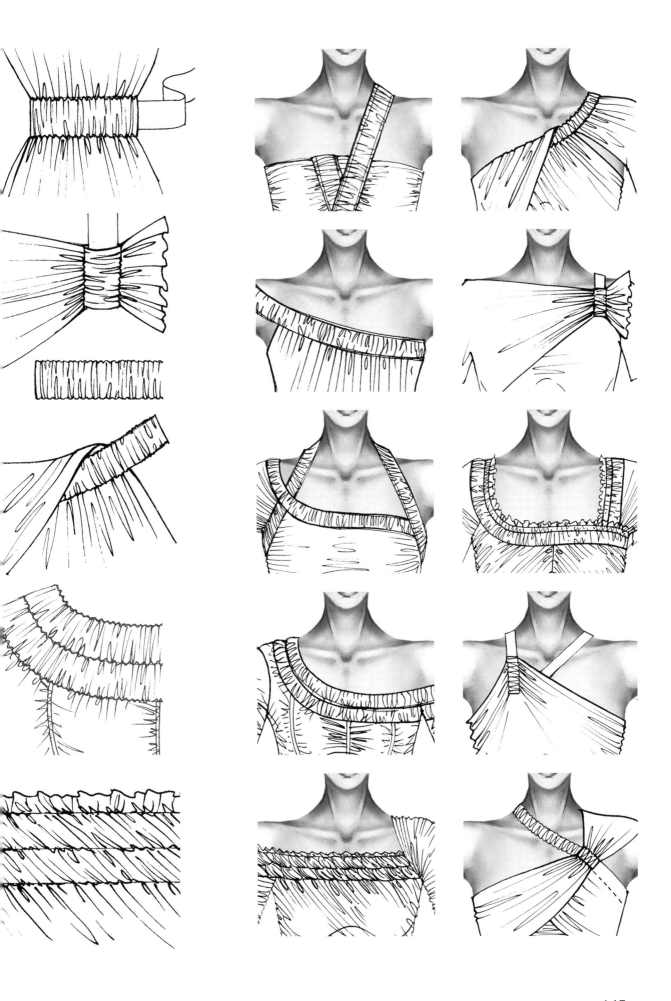

146

149

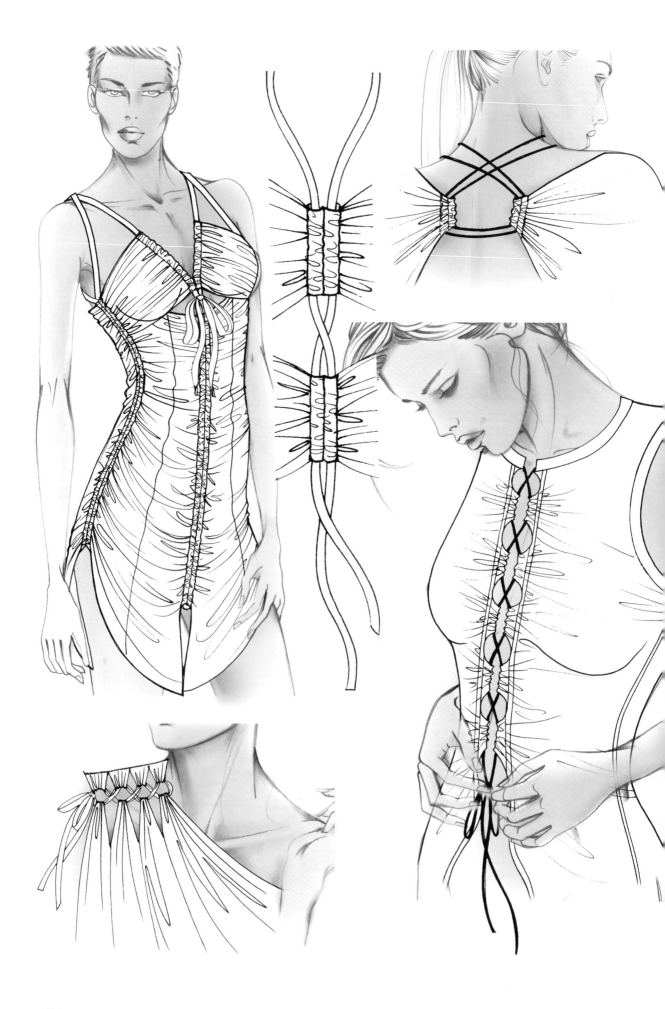

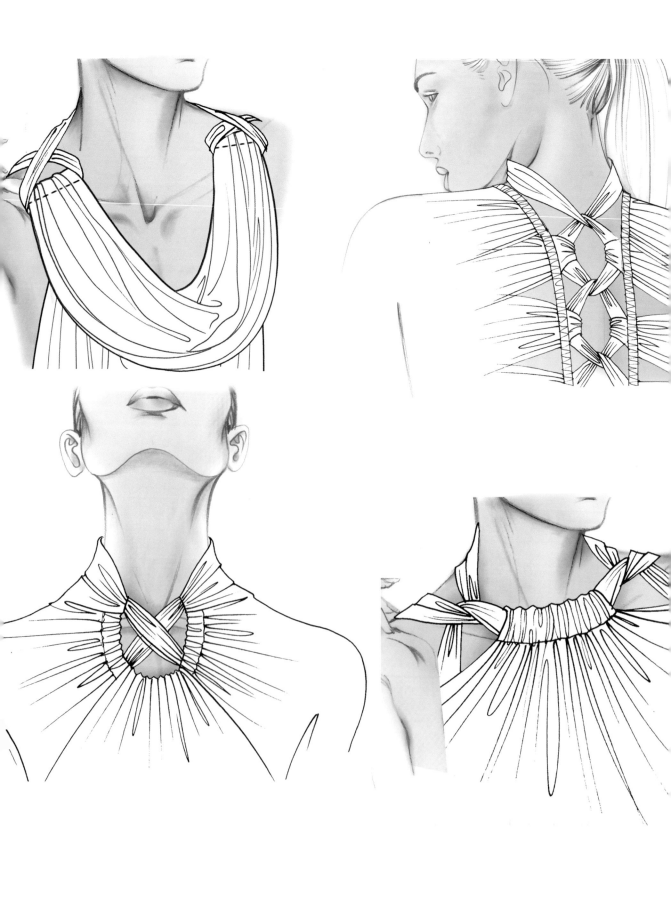

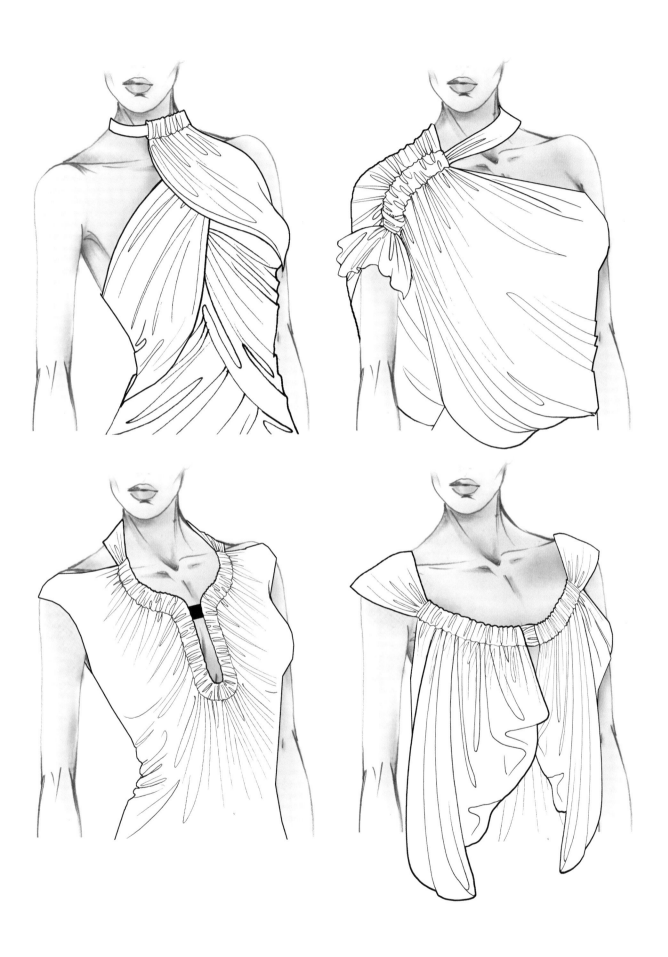

153

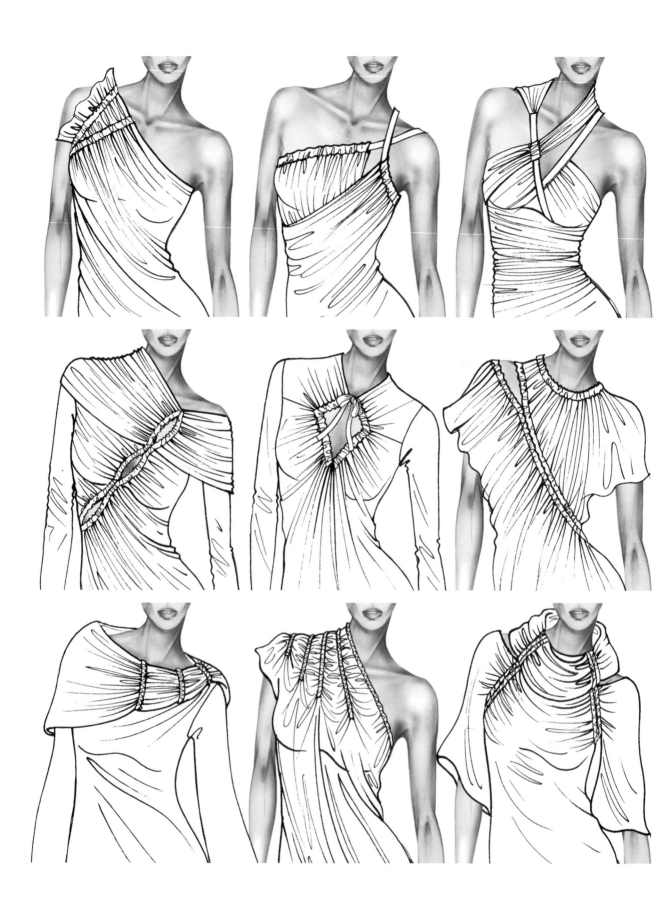

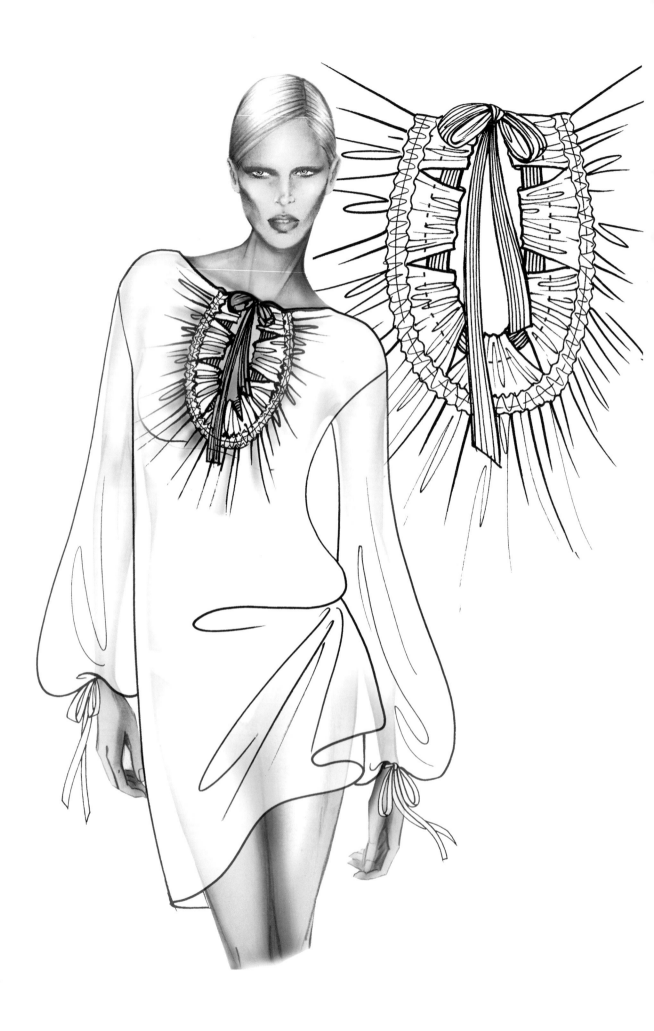

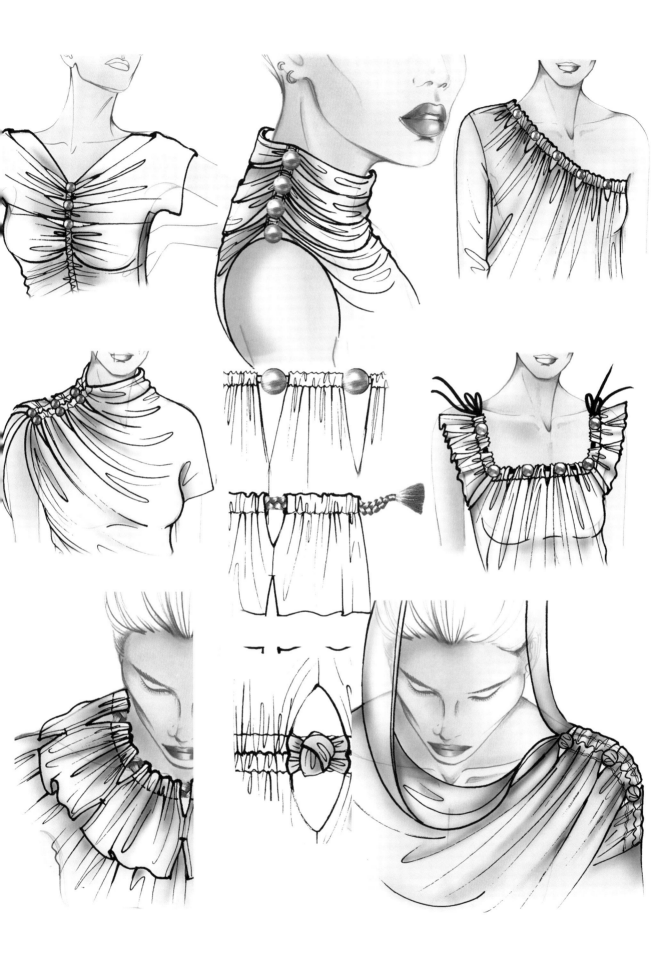

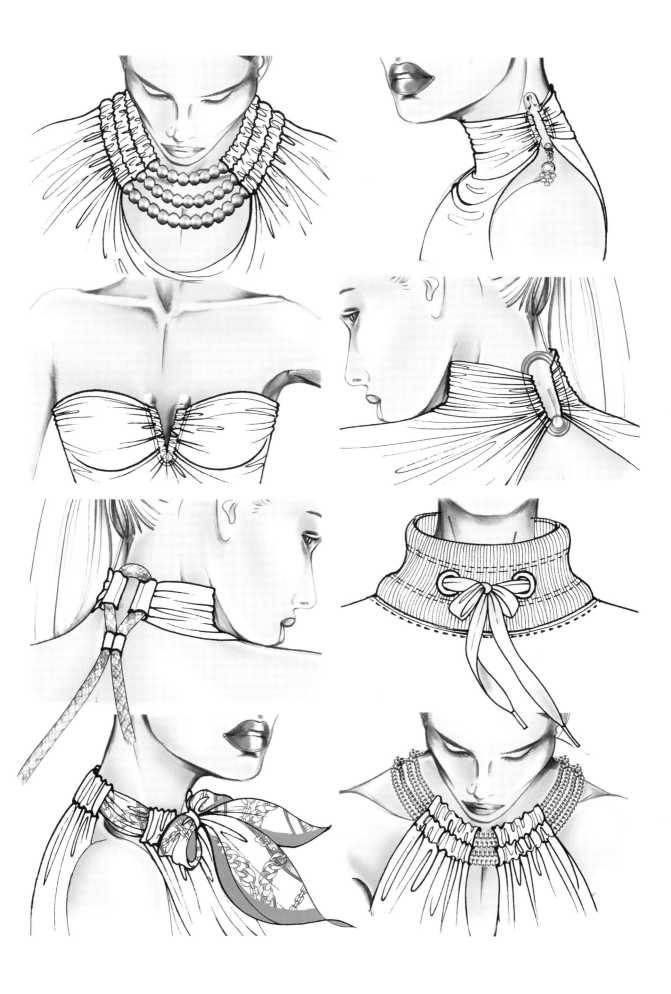

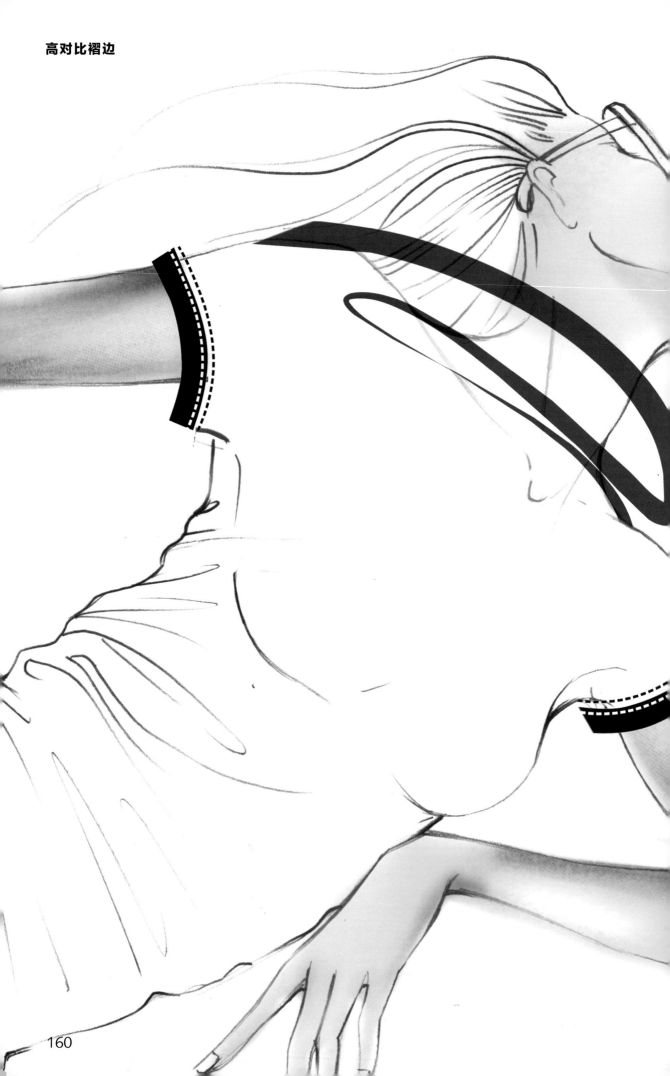

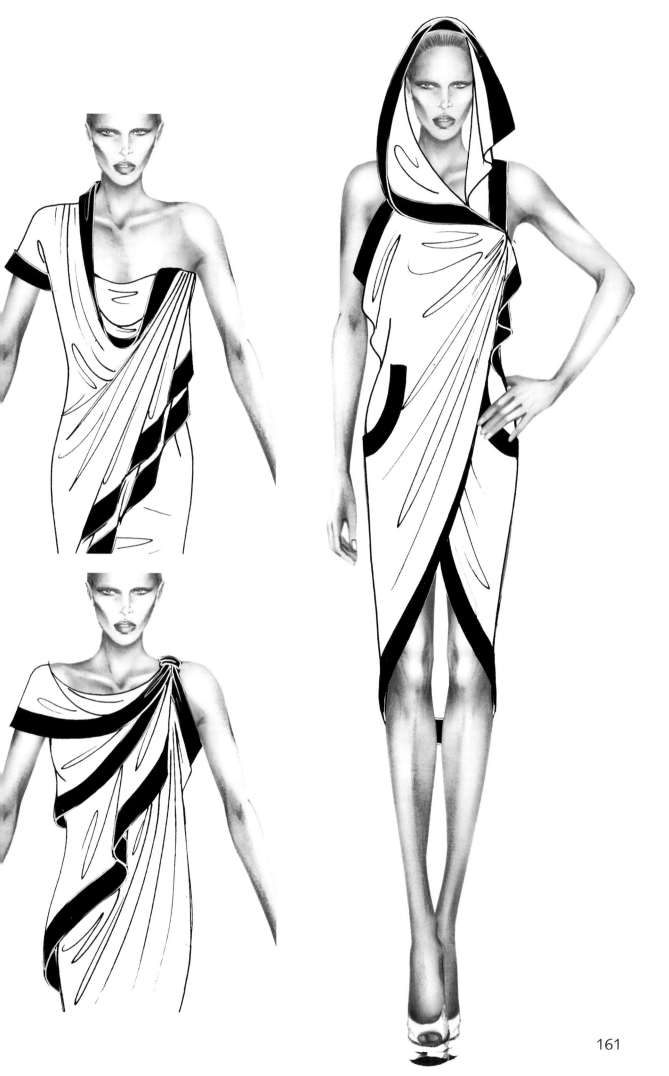

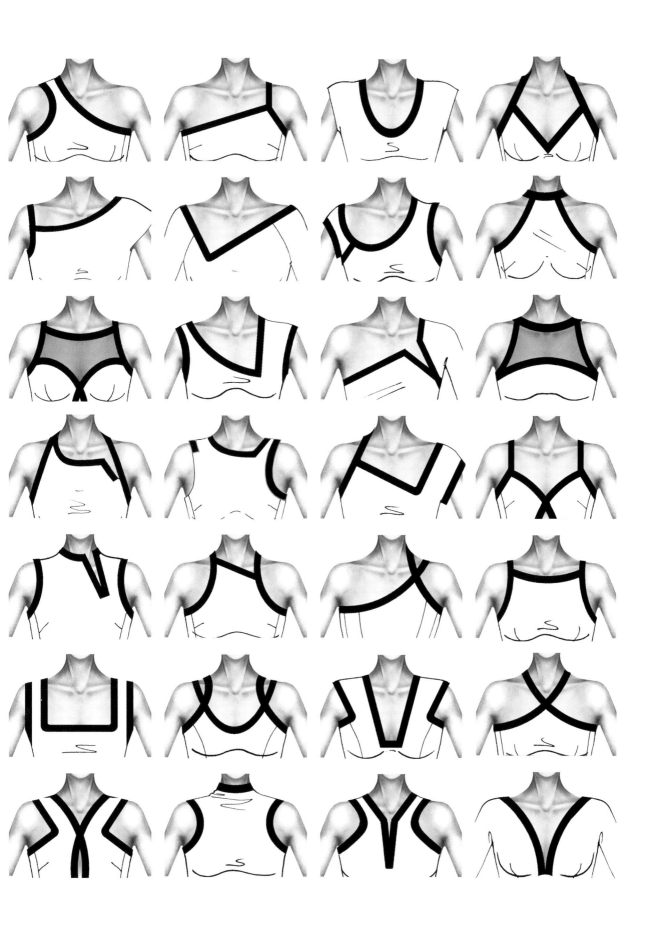

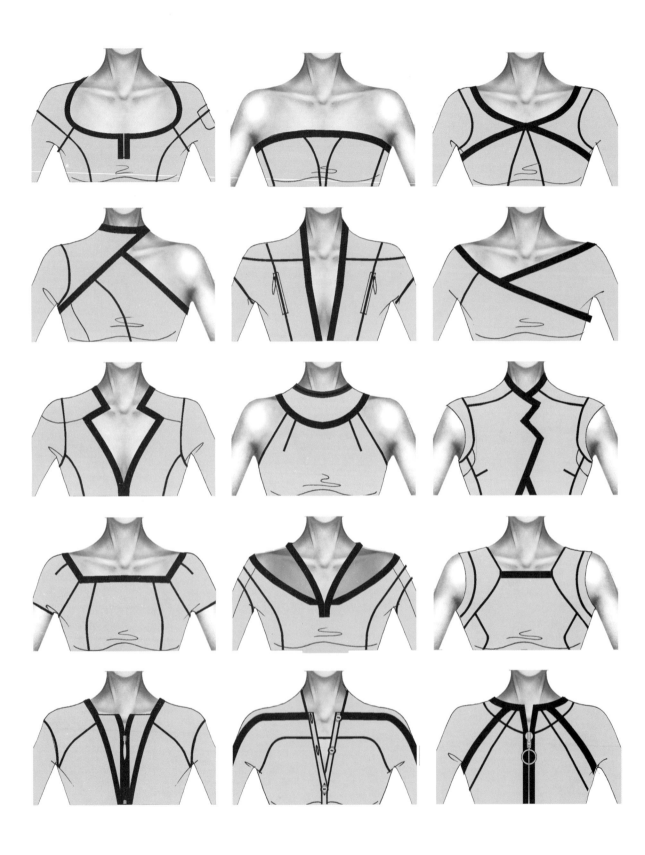

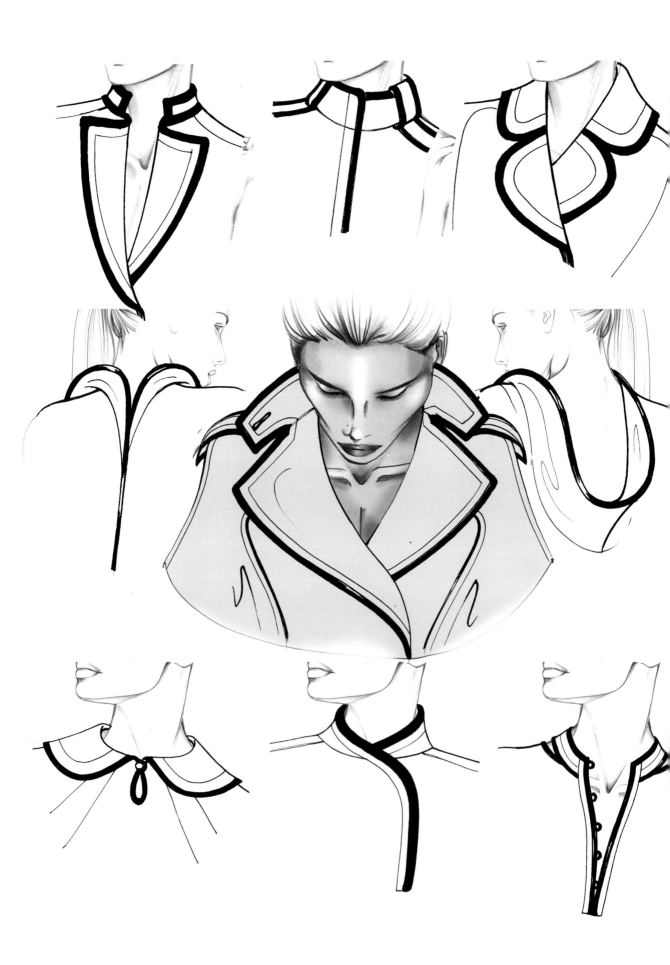

167

活褶

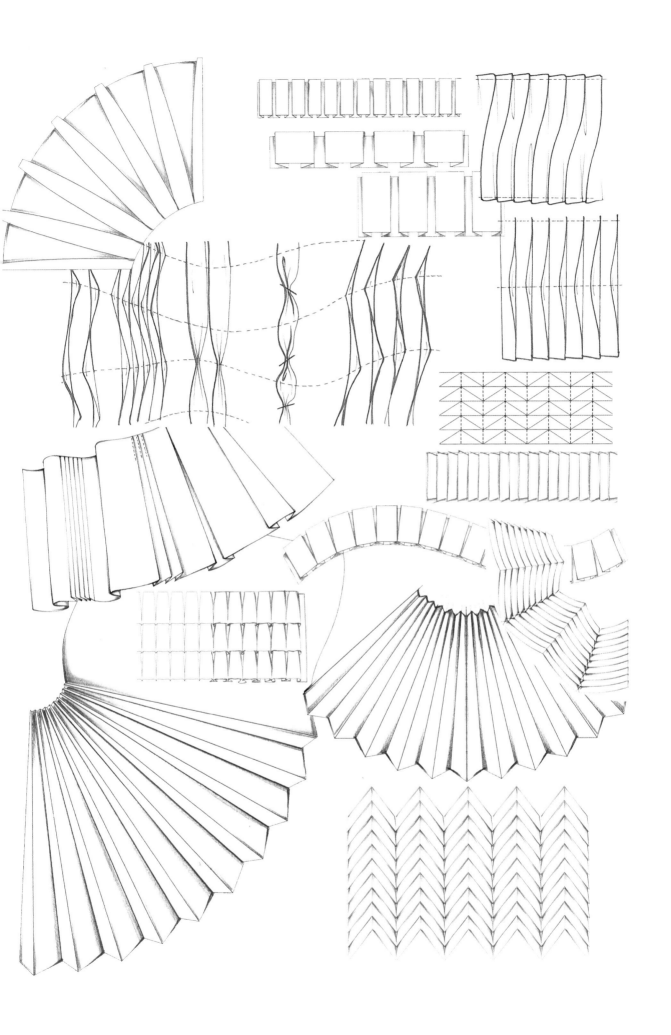

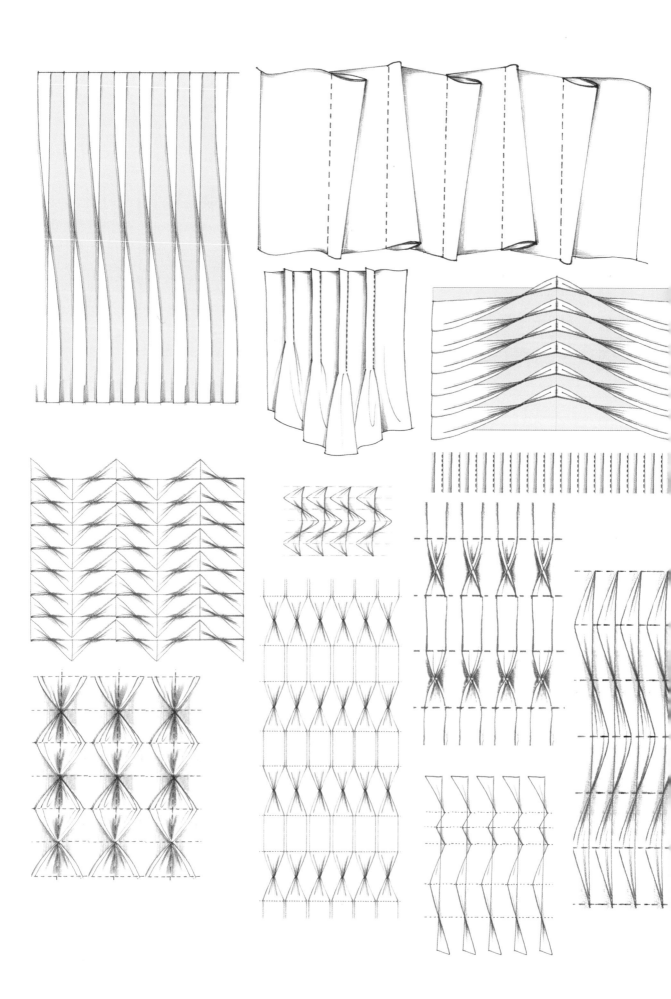

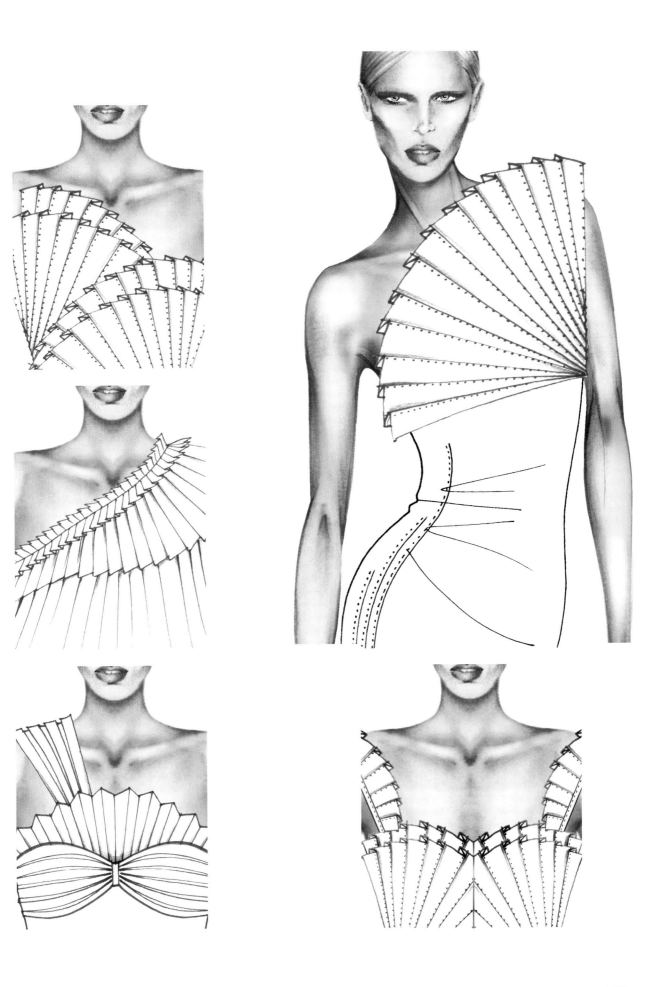

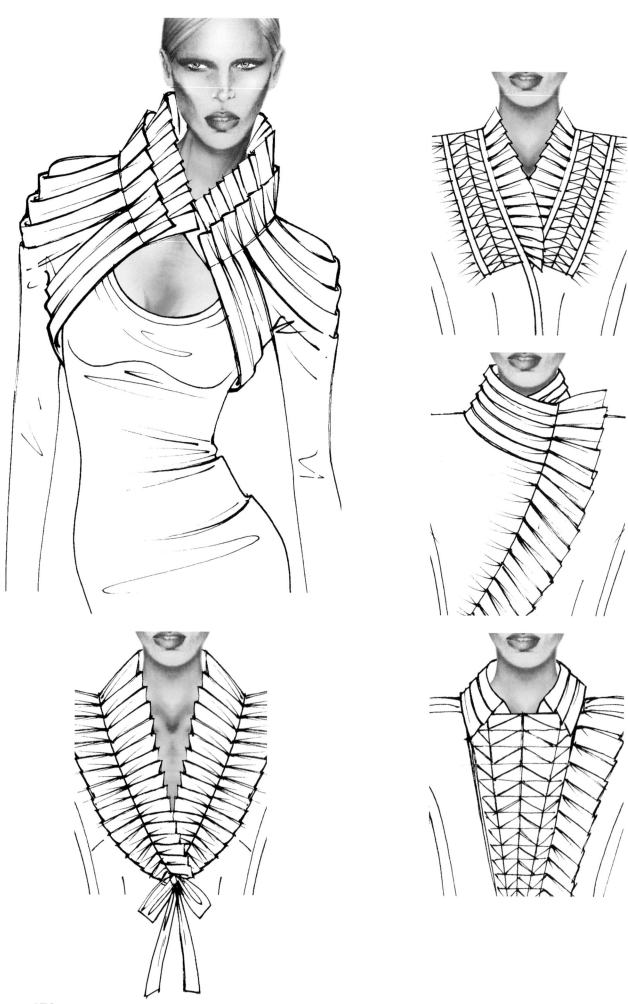

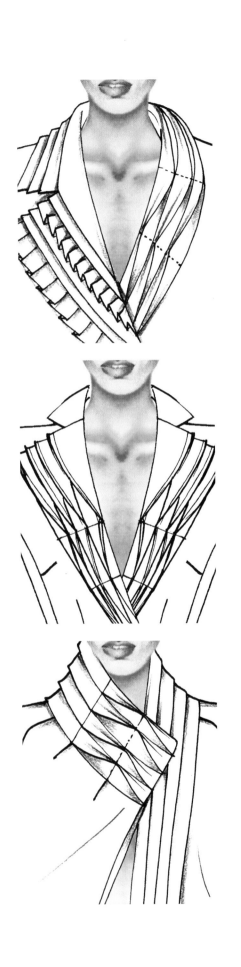
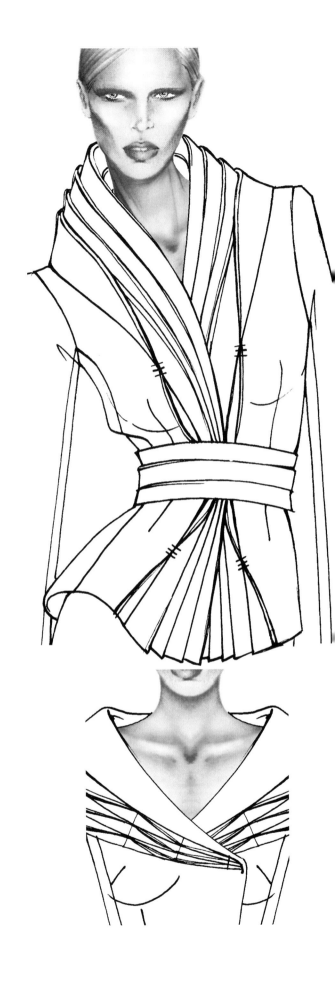

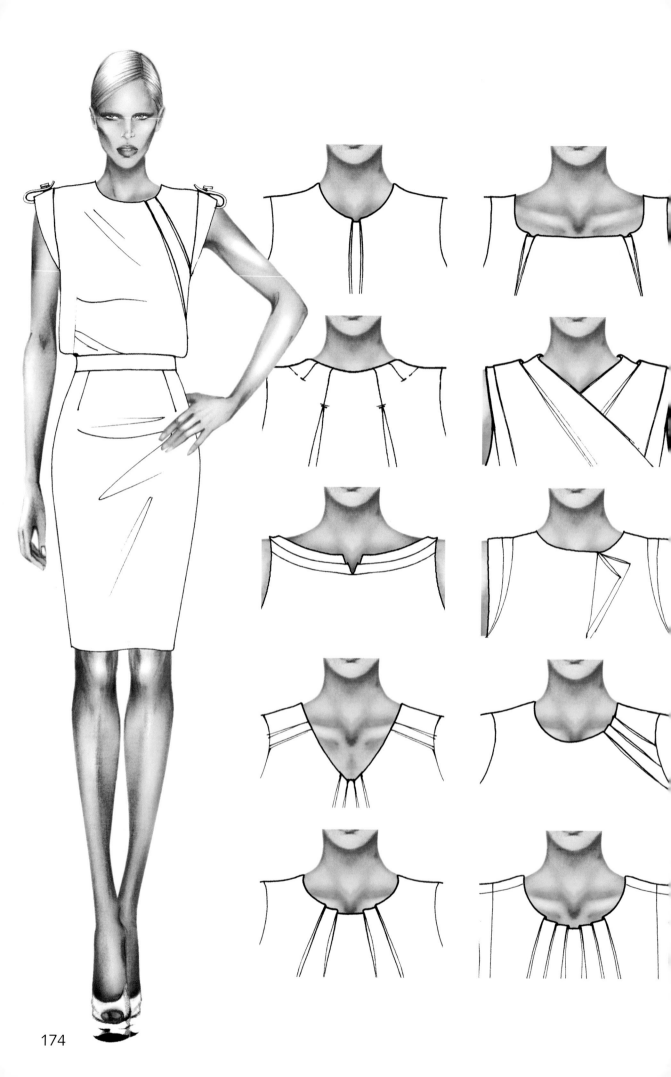

175

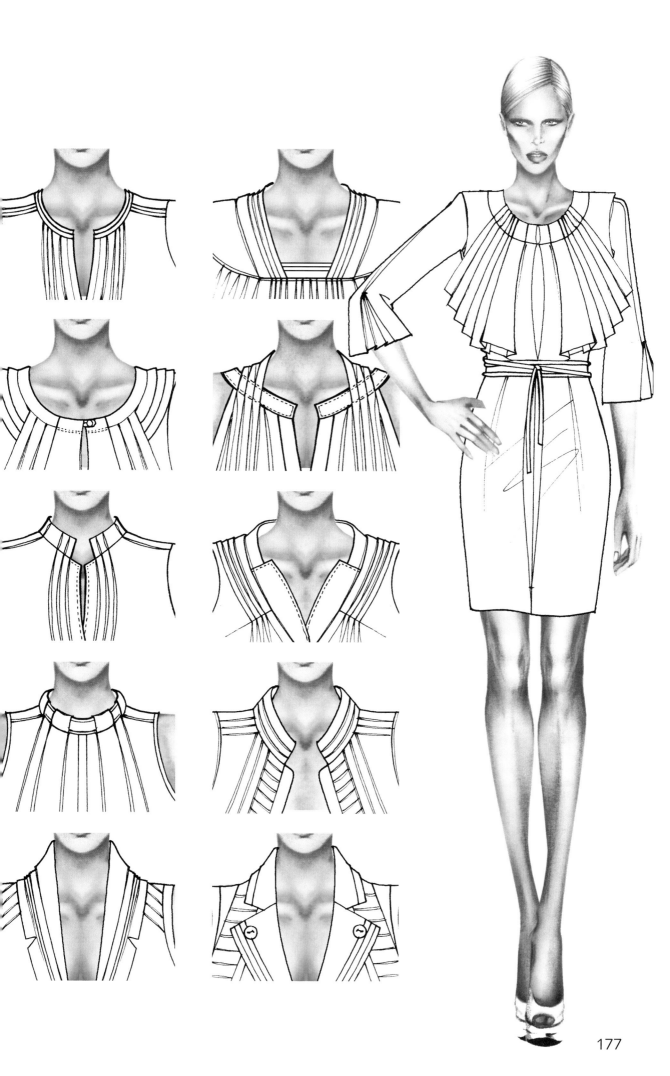

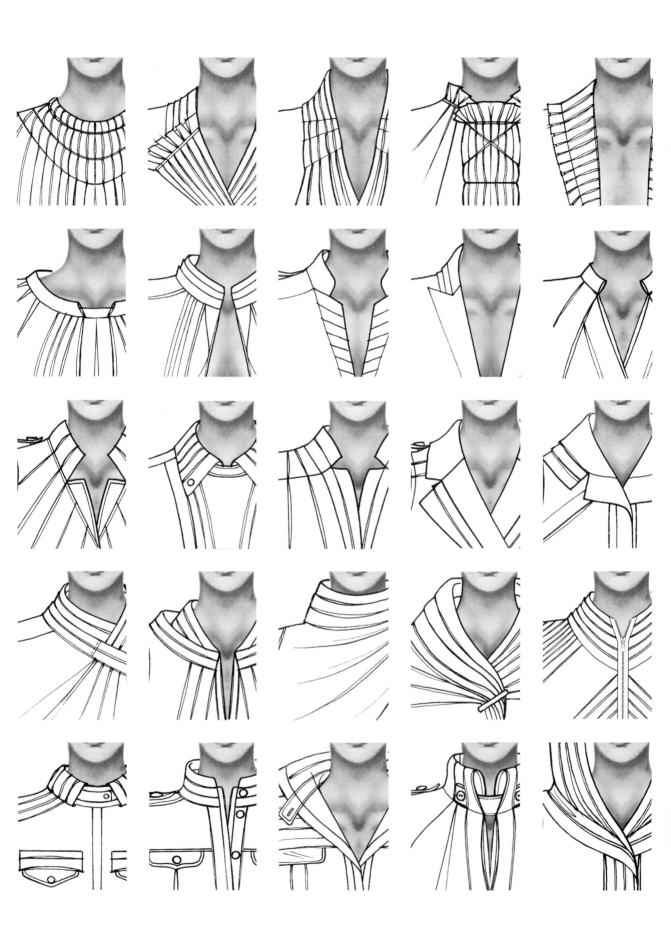

178

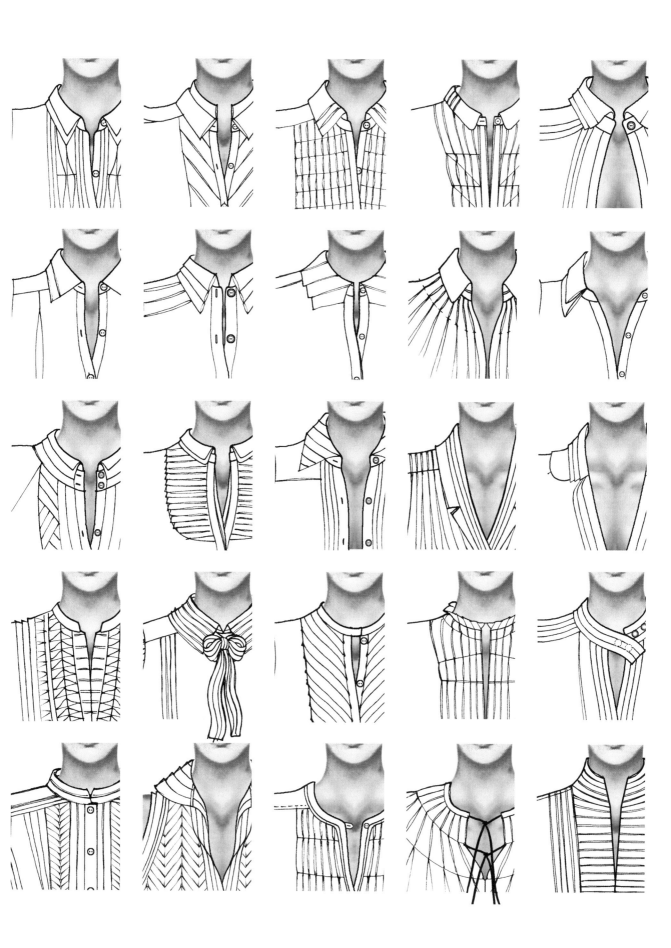

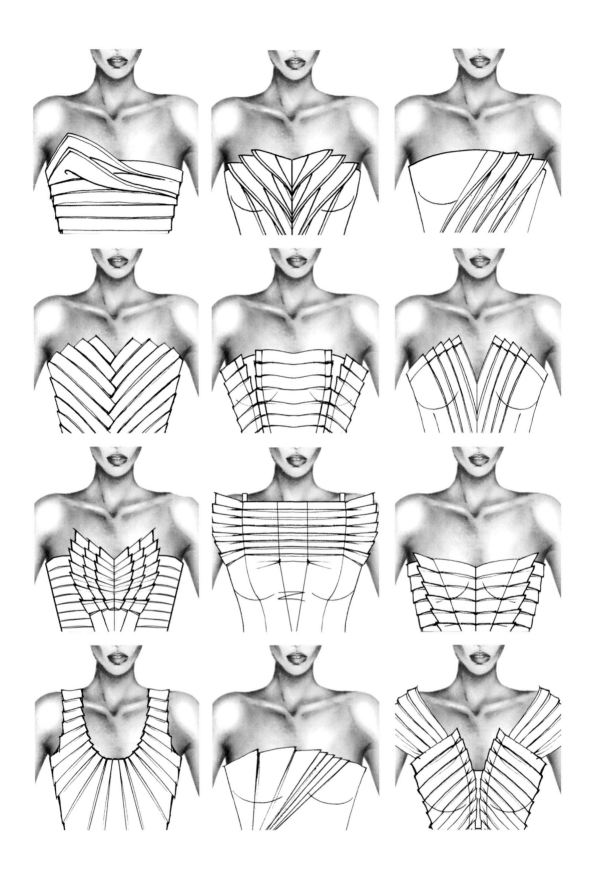

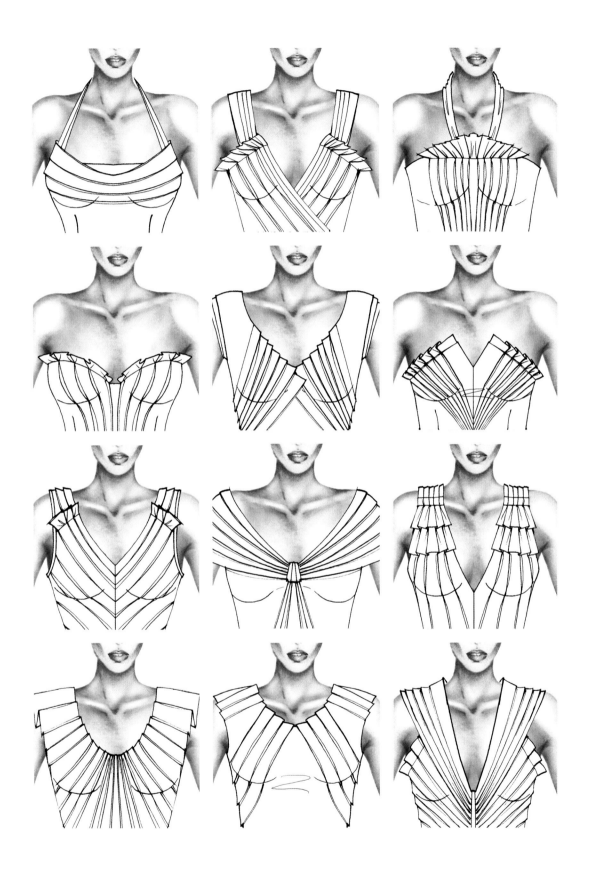

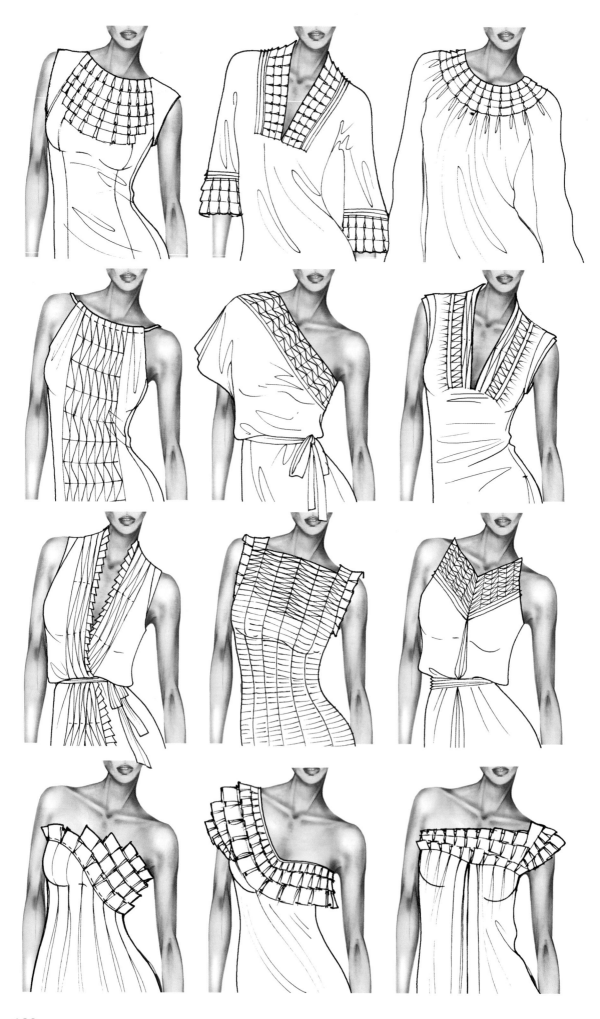

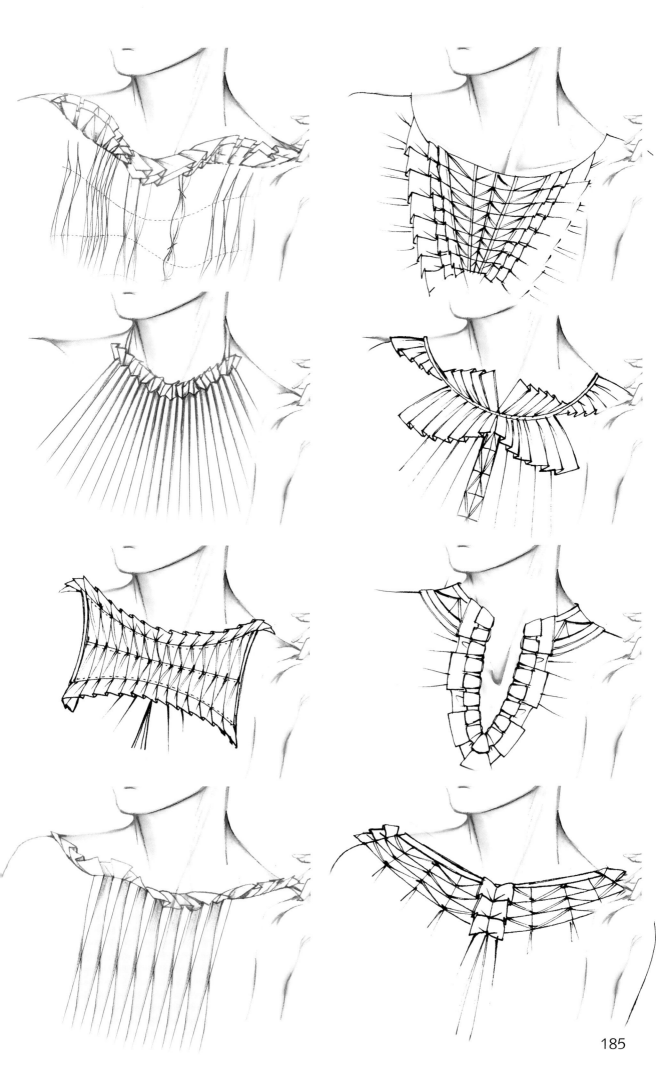

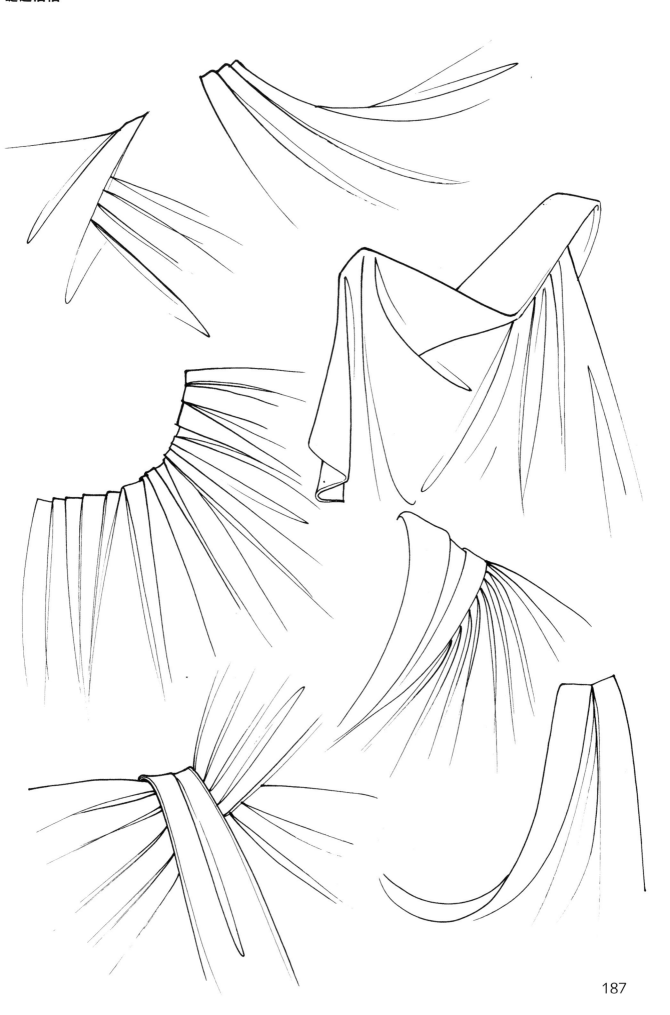

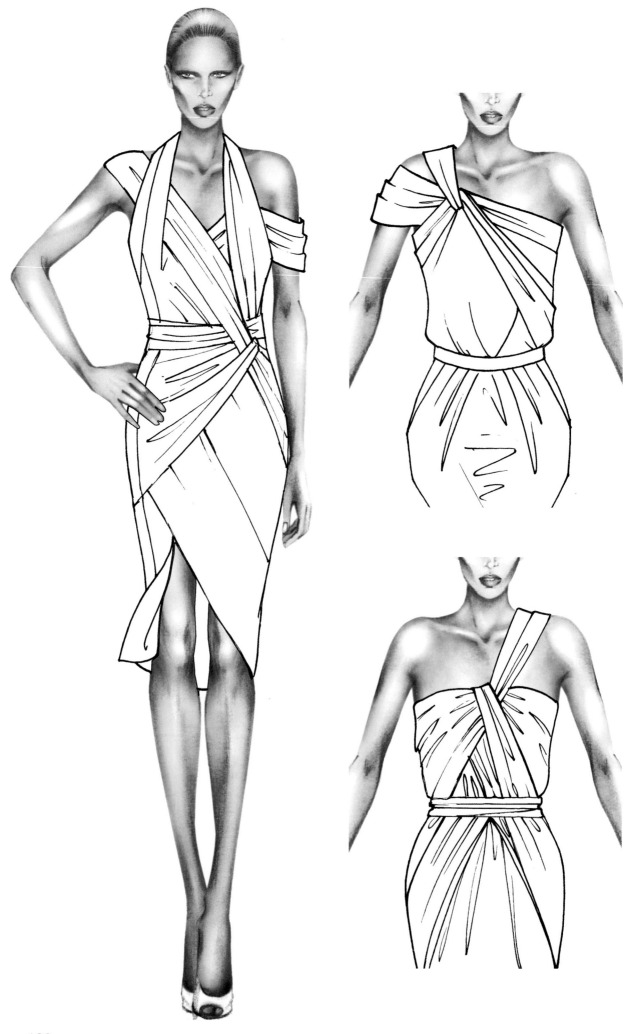

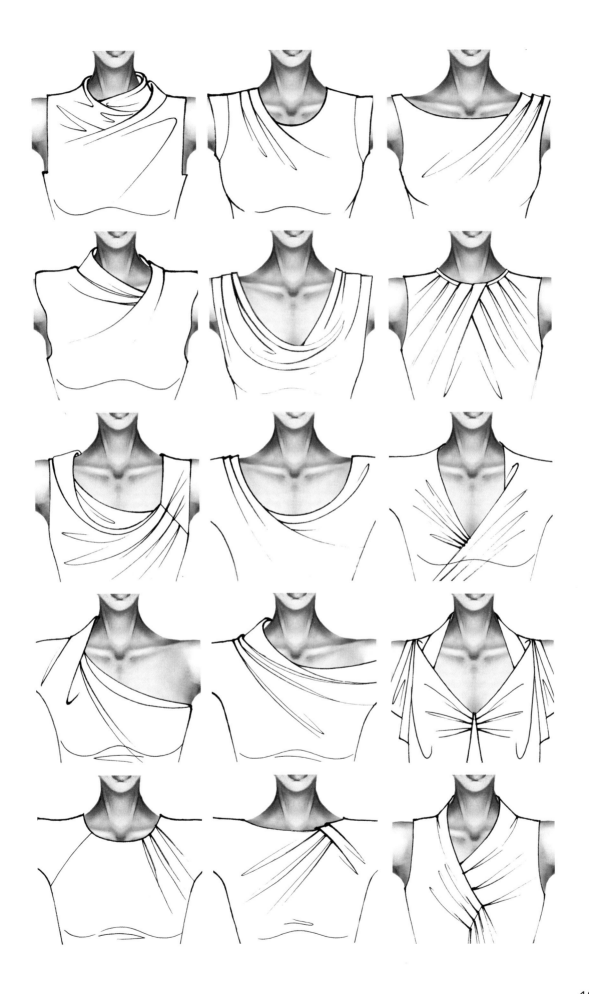

189

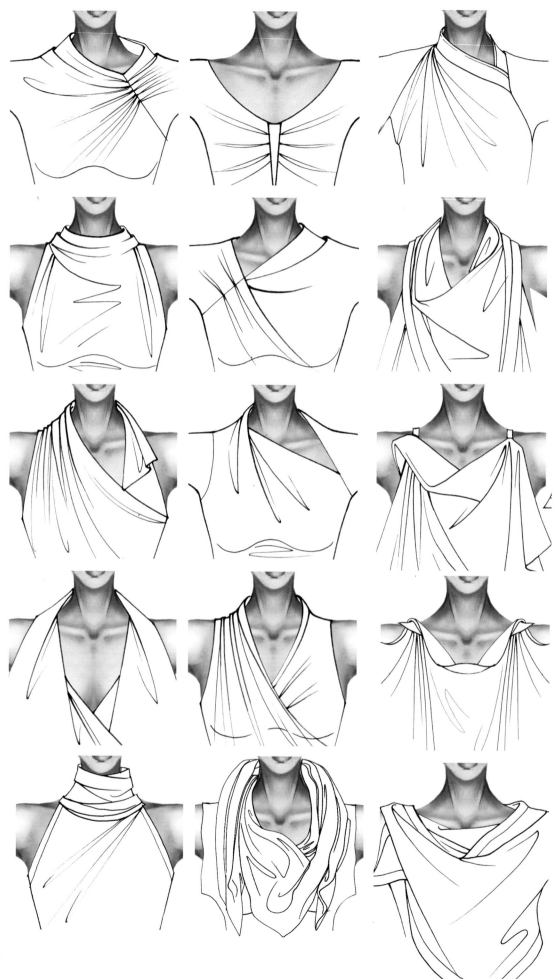

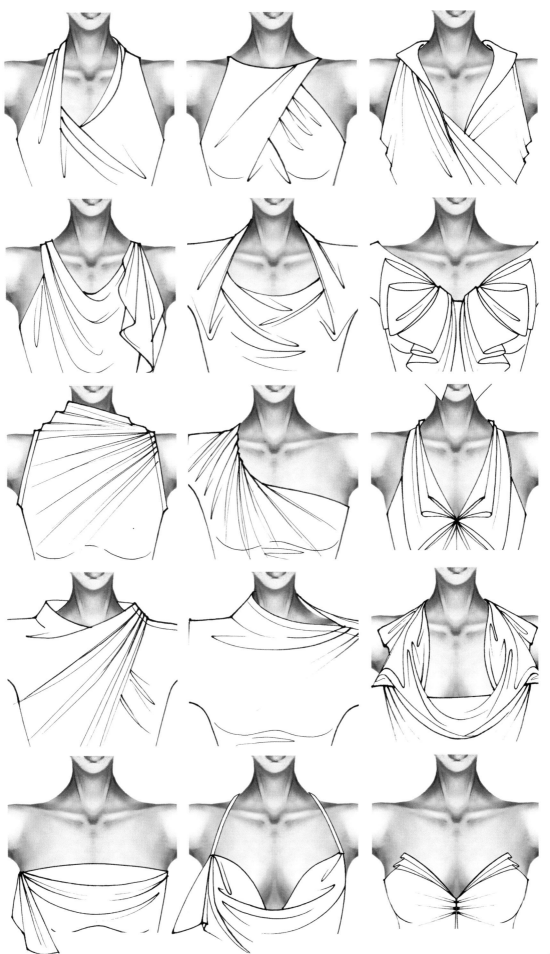

191

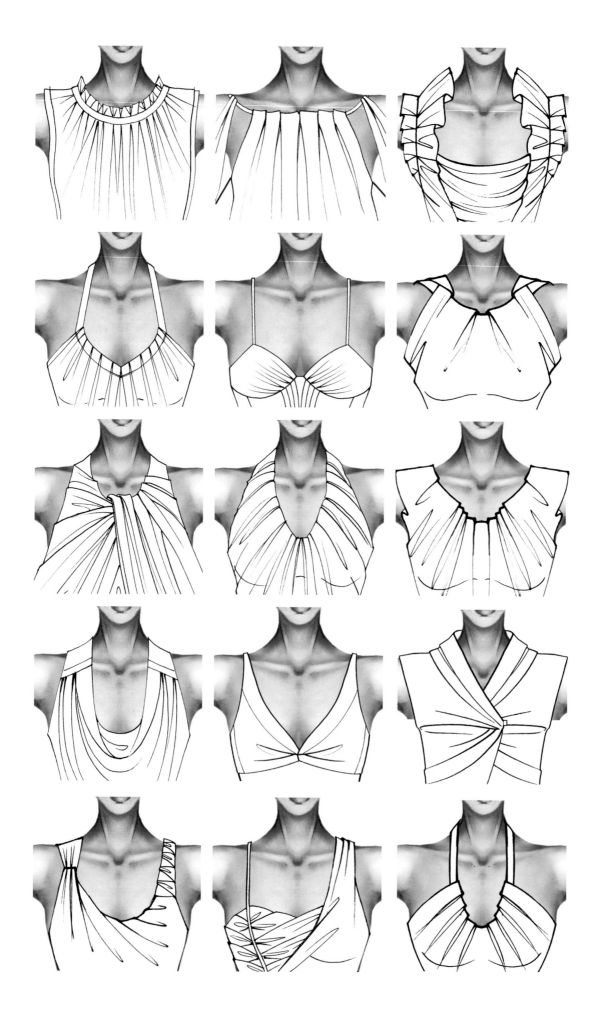

193

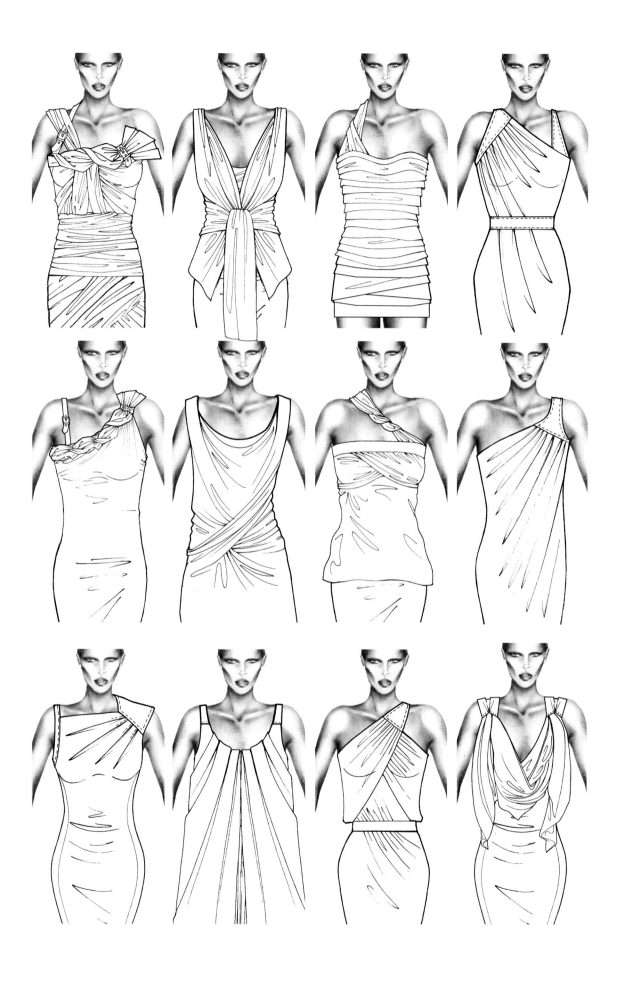

195

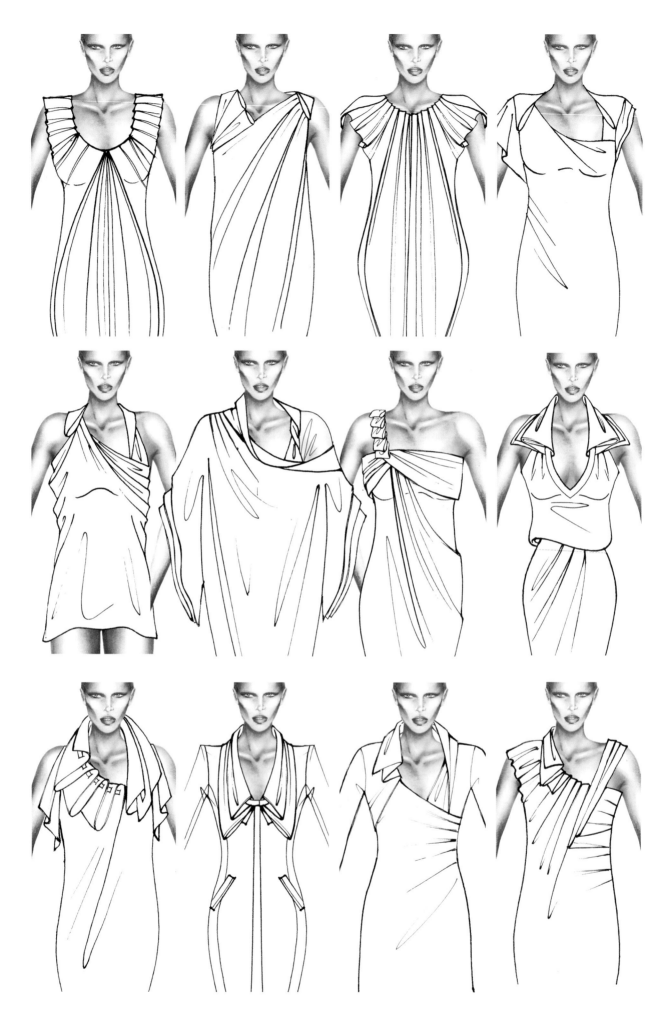

197

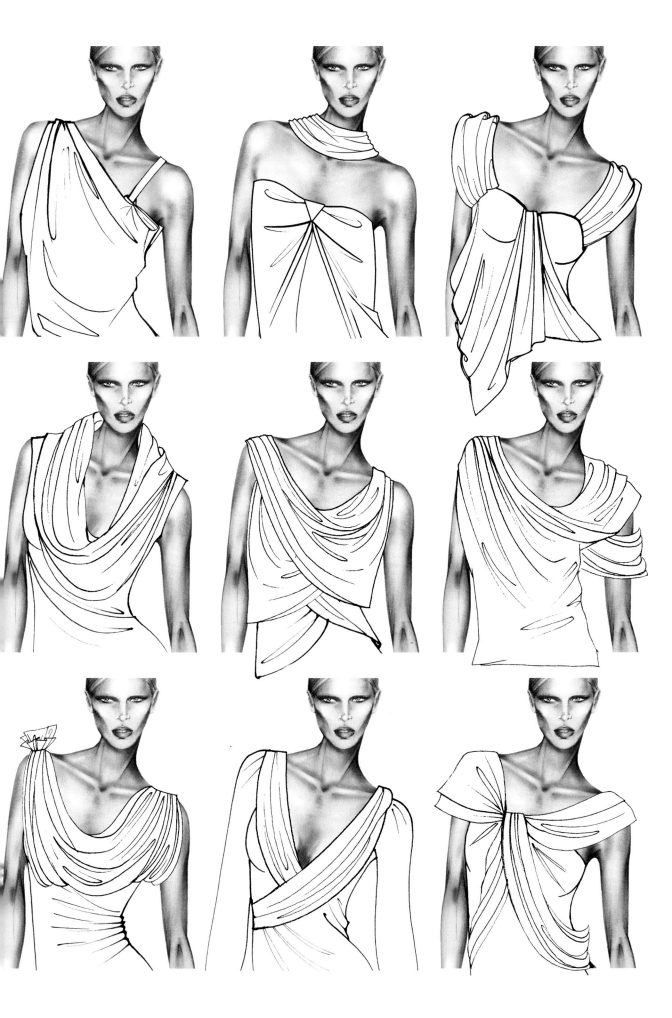

200

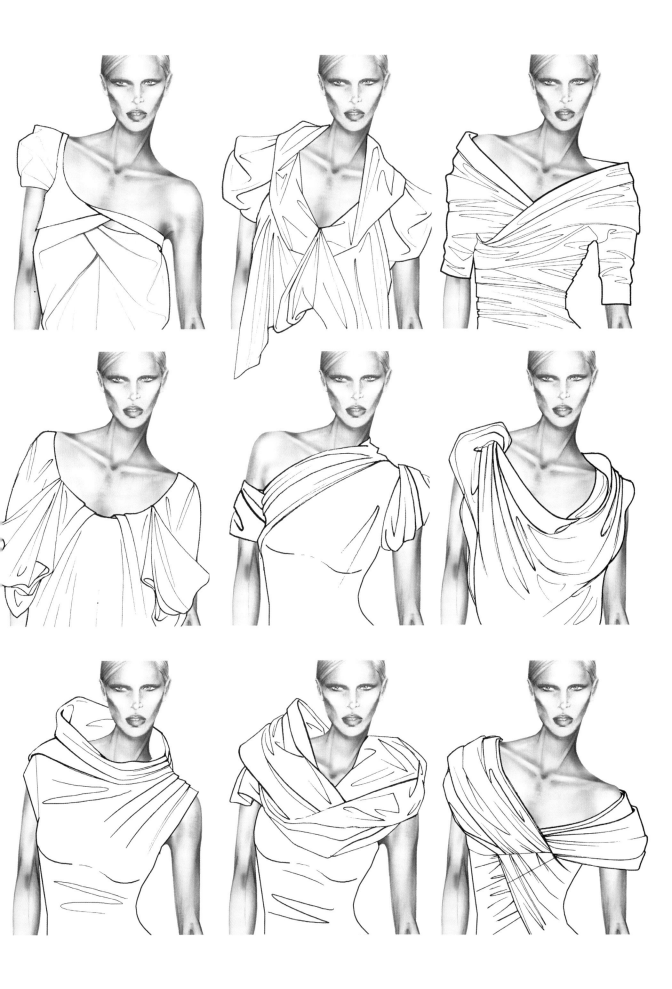

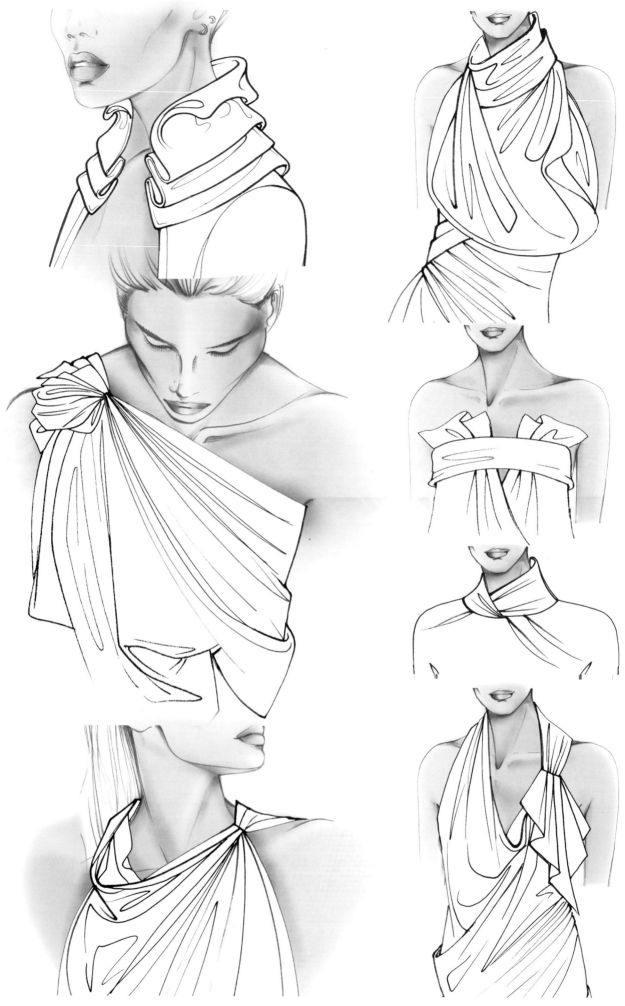

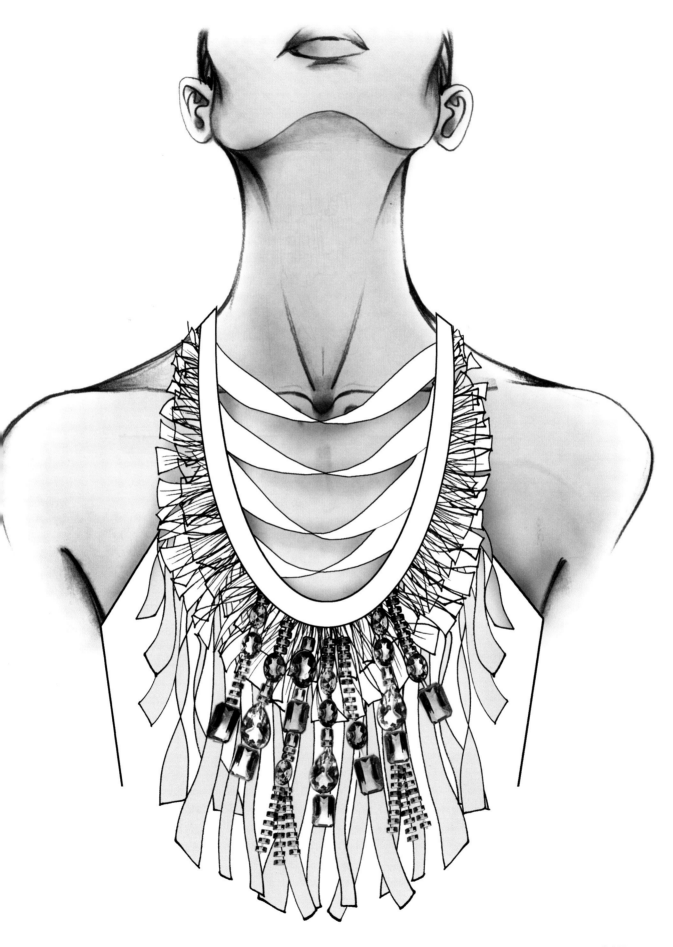

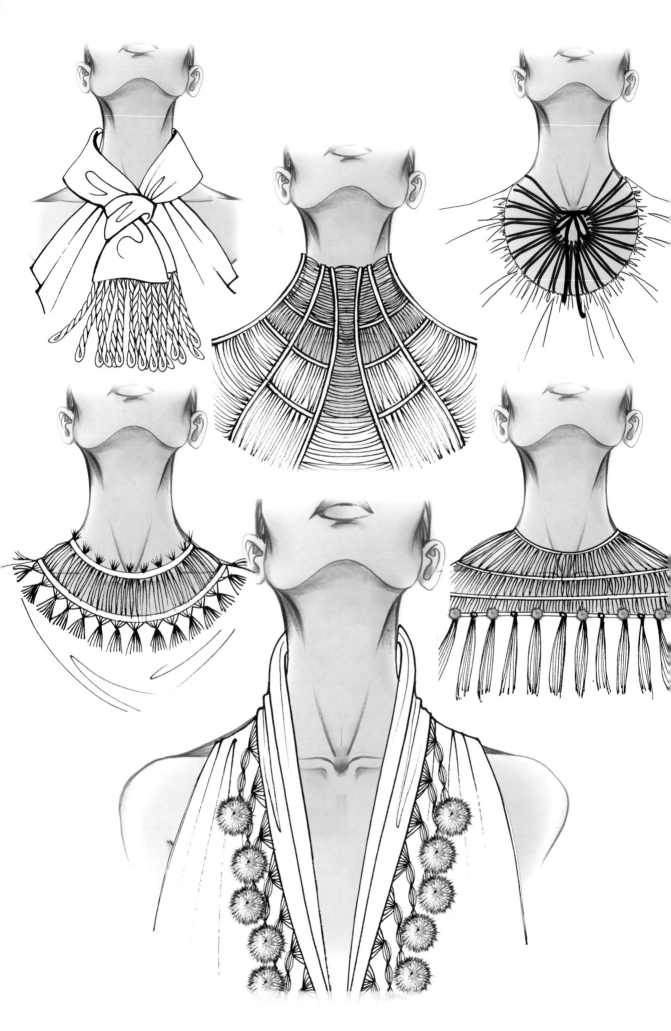

210

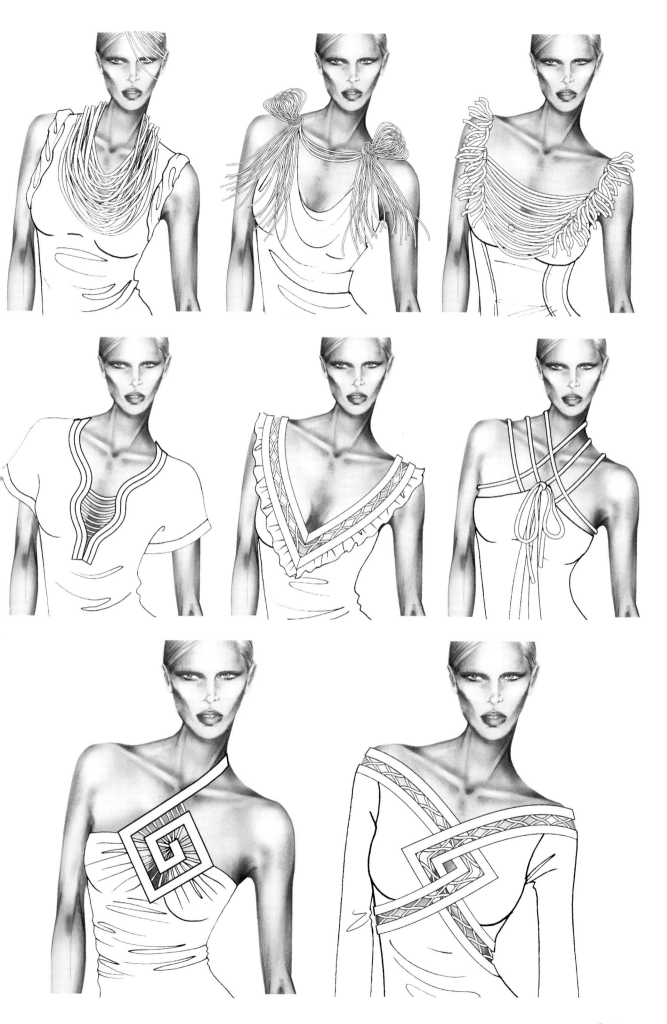

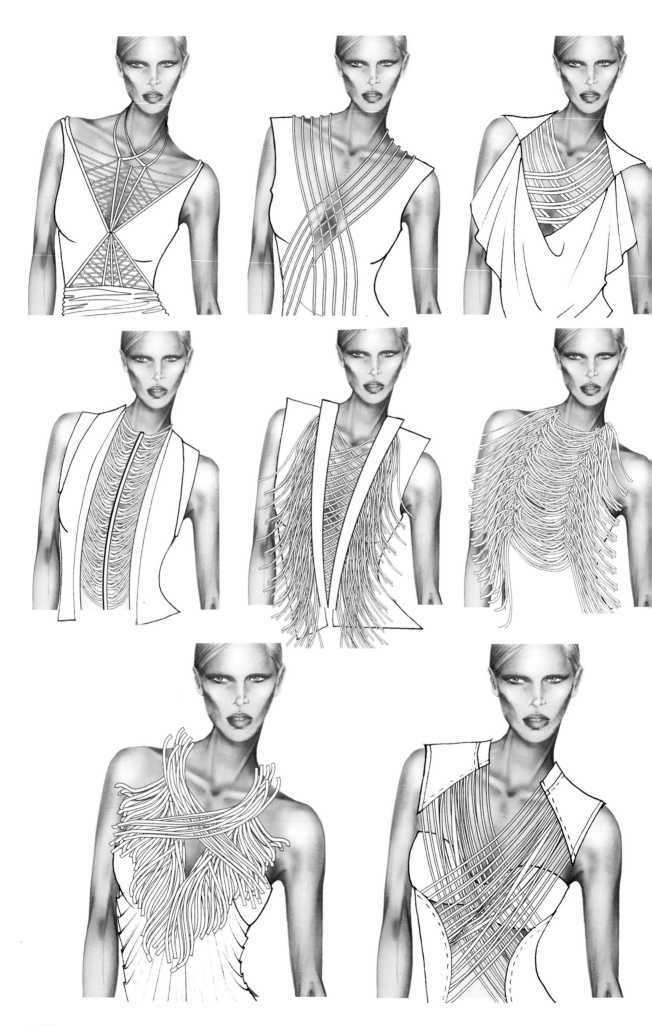

212

214

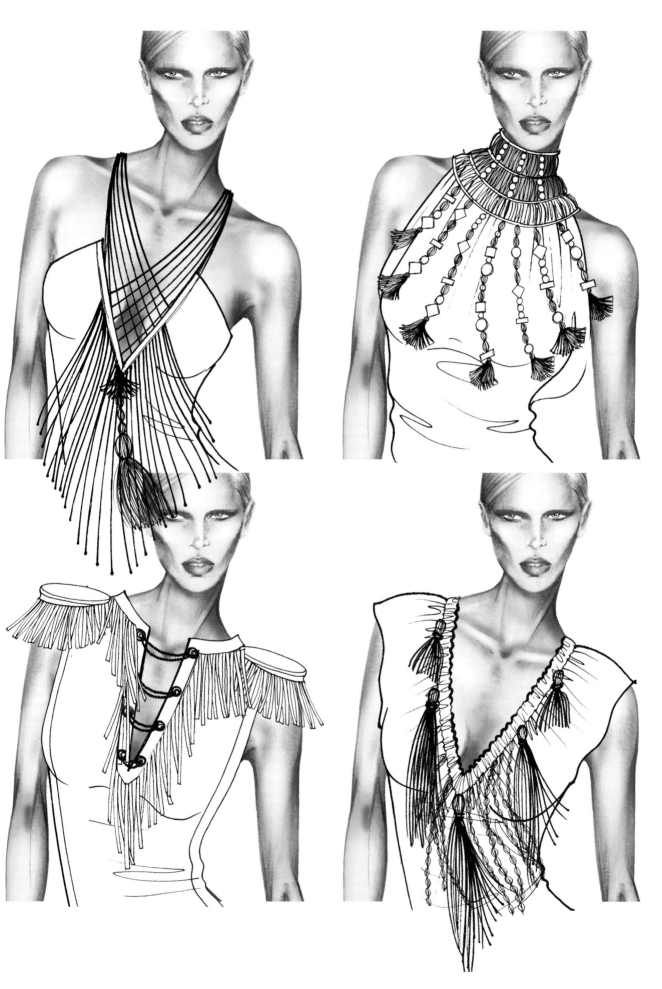

216

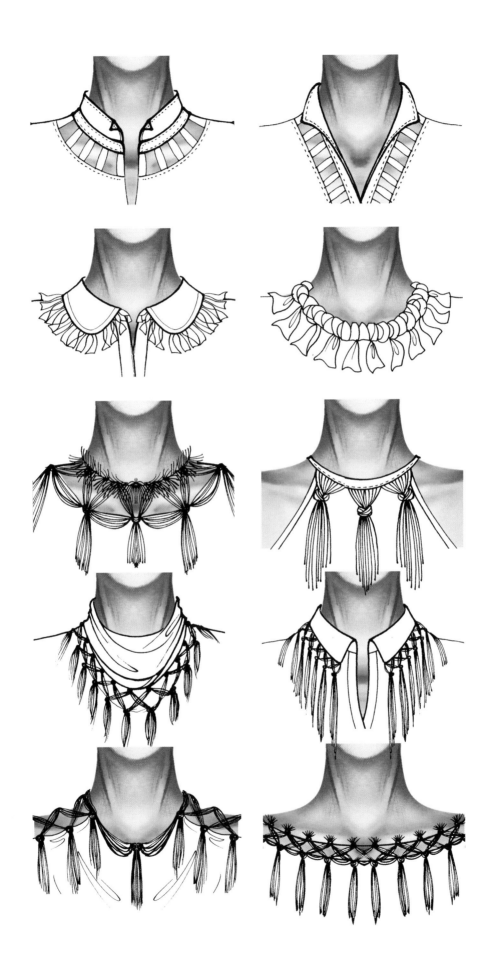

217

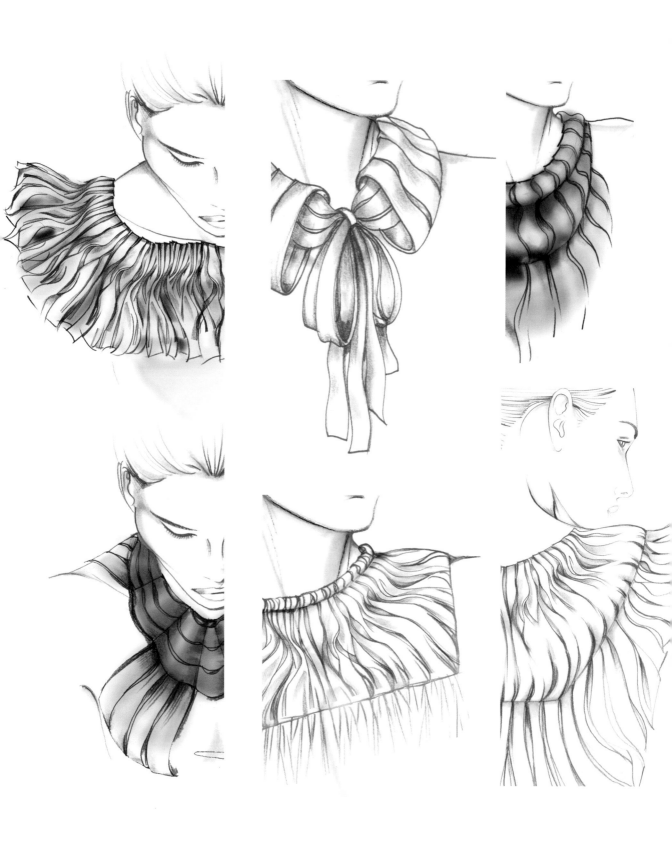

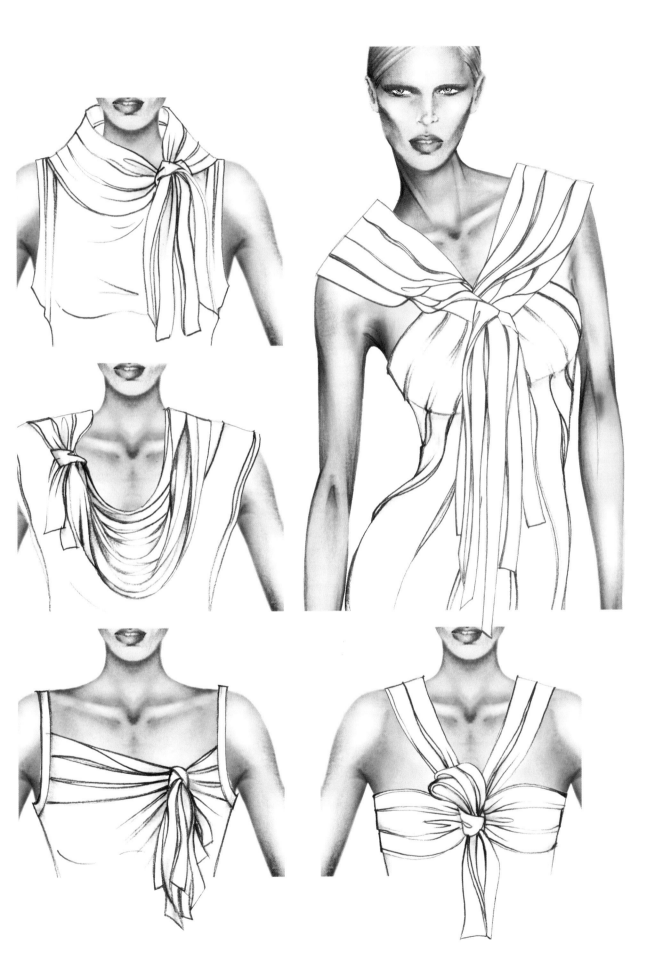

223

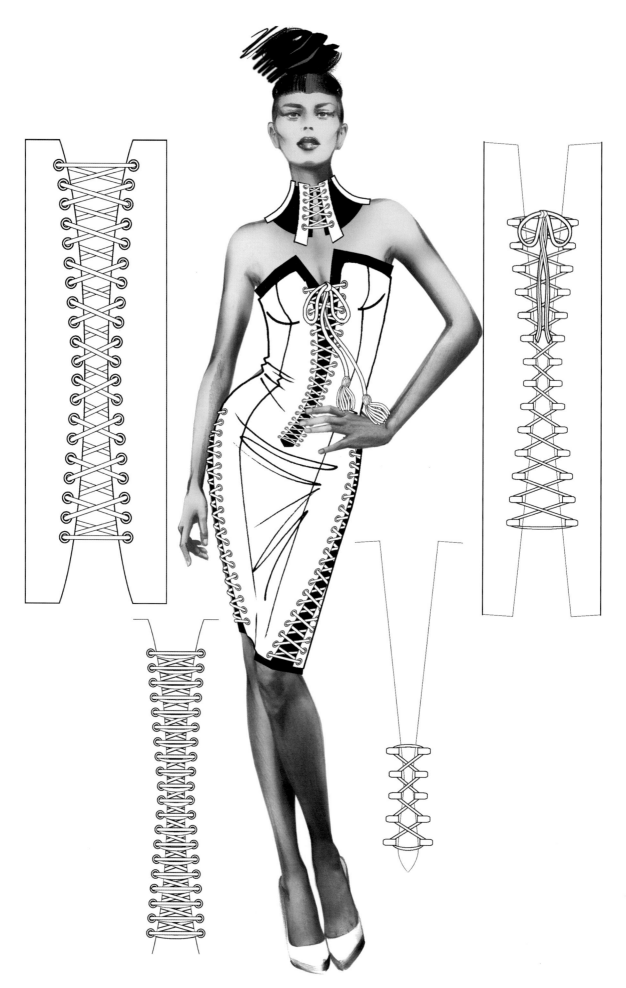

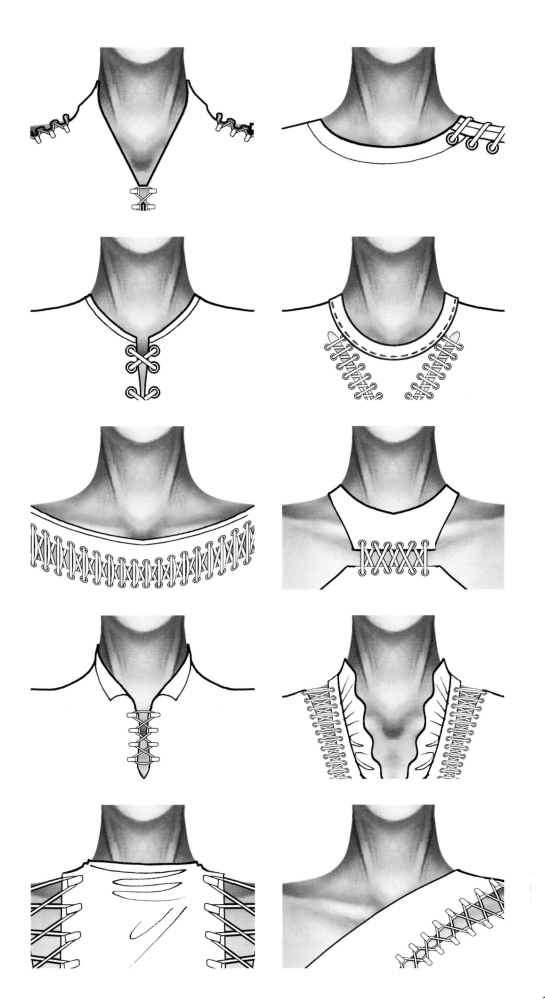

225

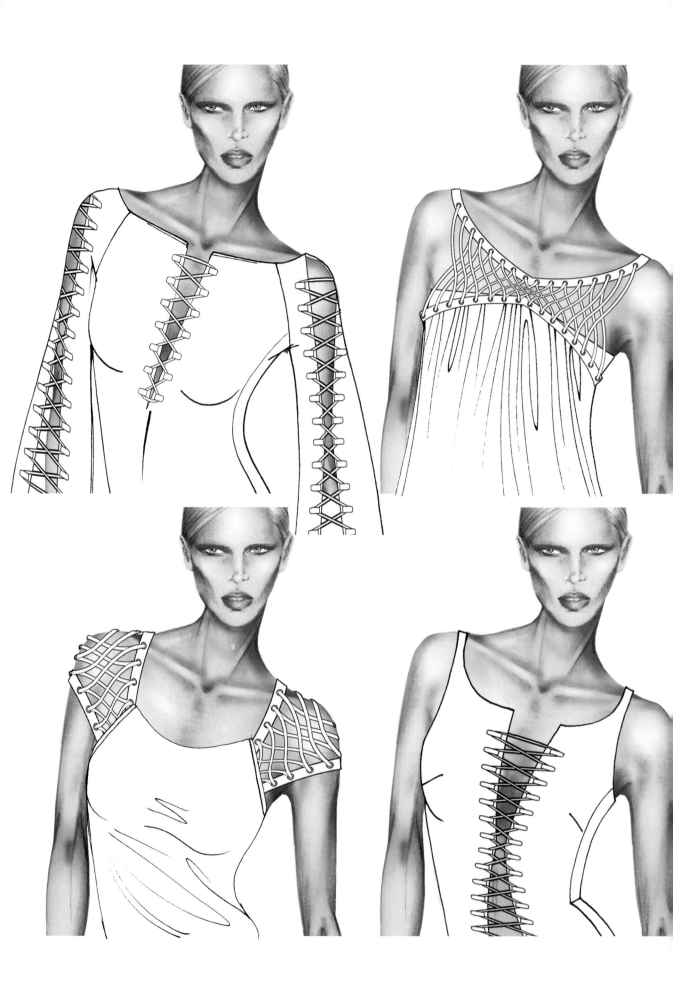

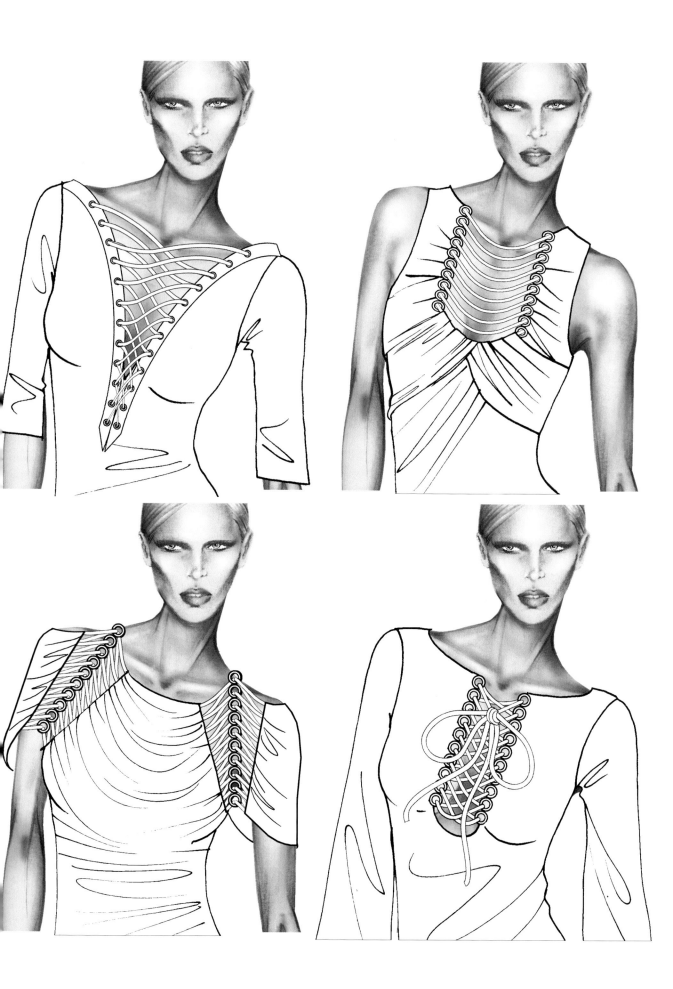

227

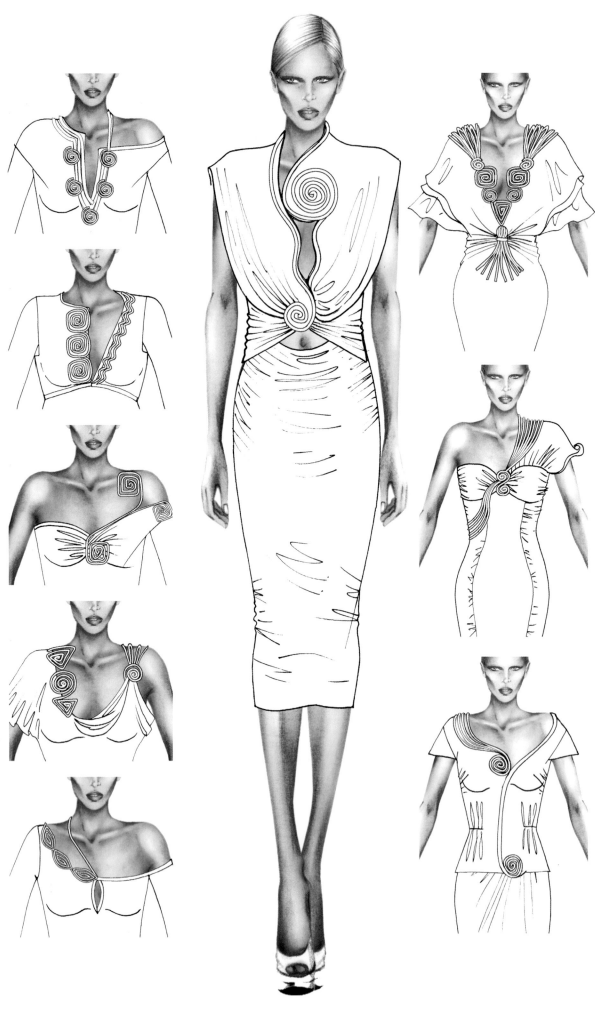

232

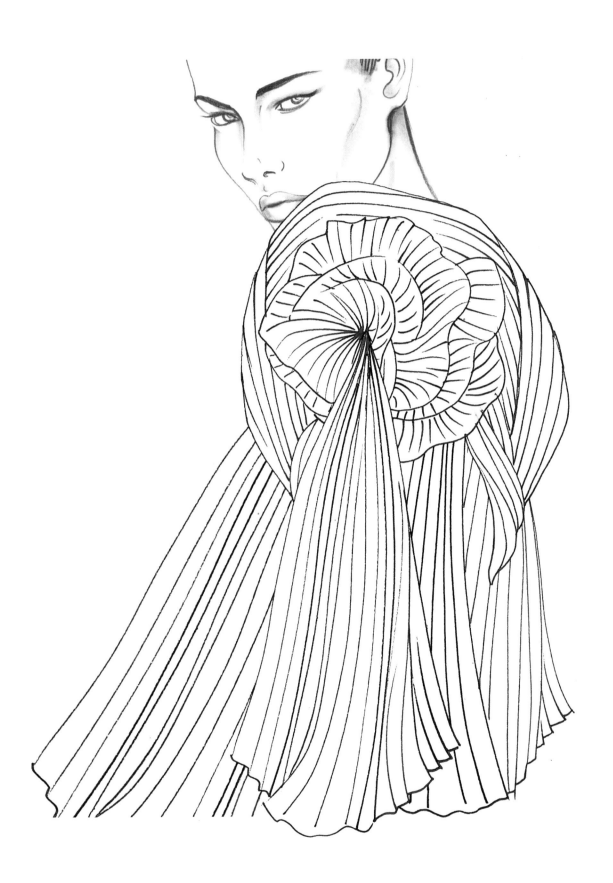

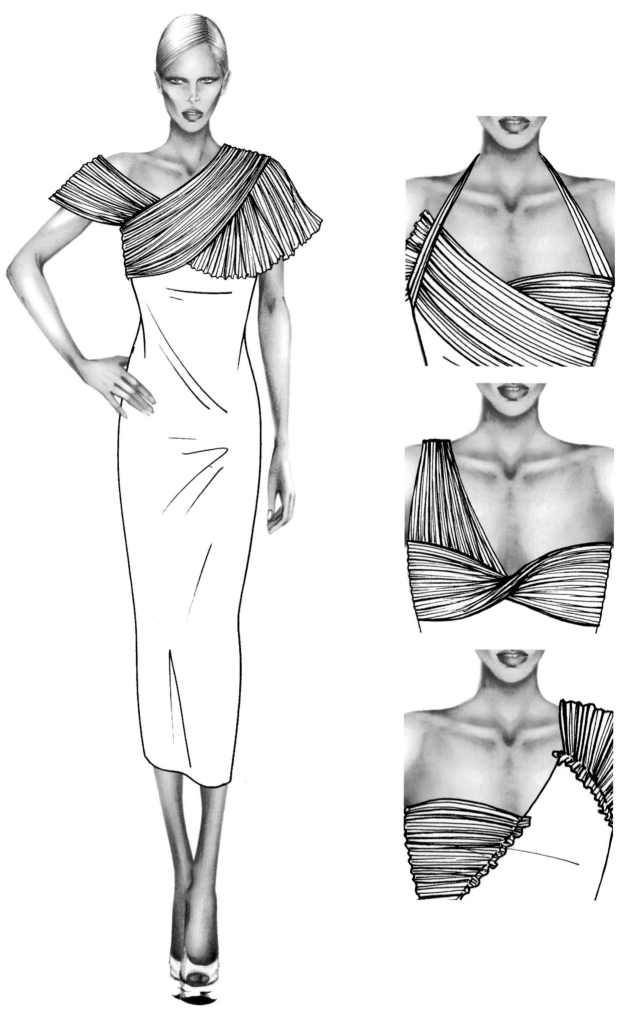

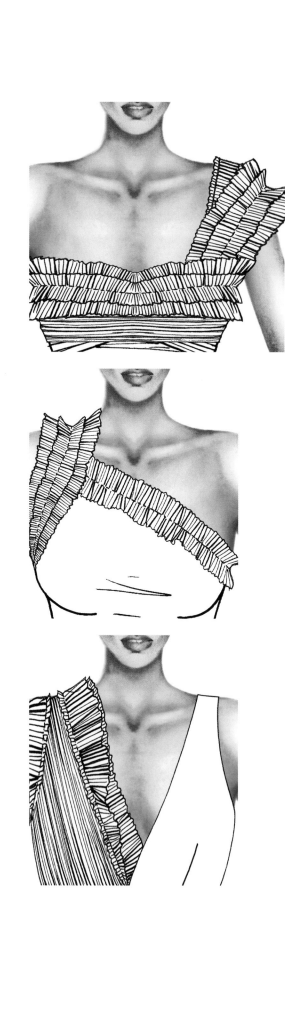

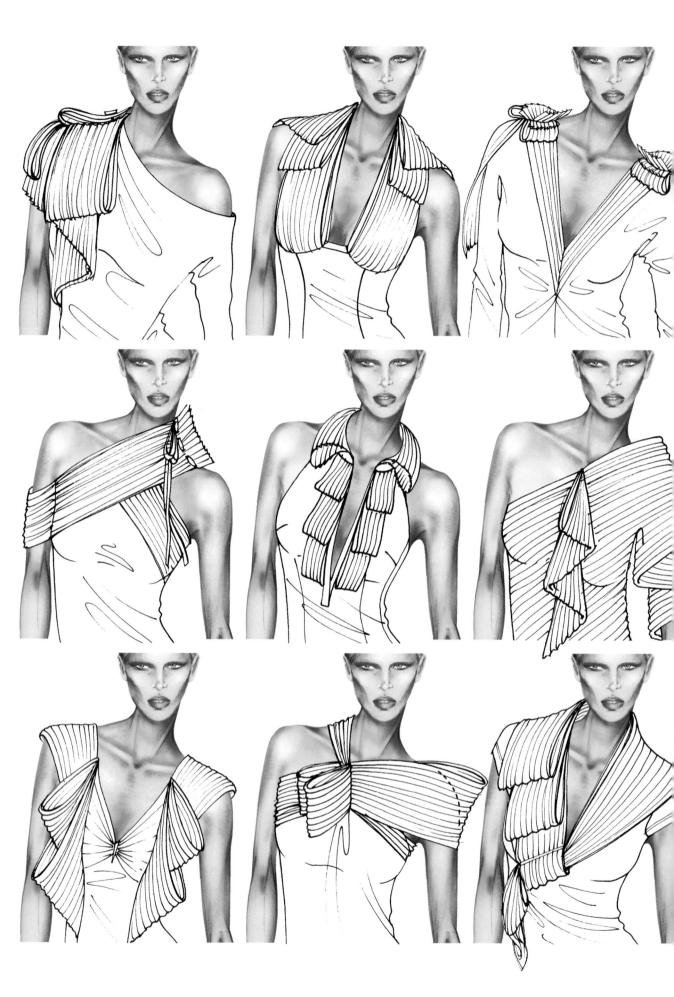

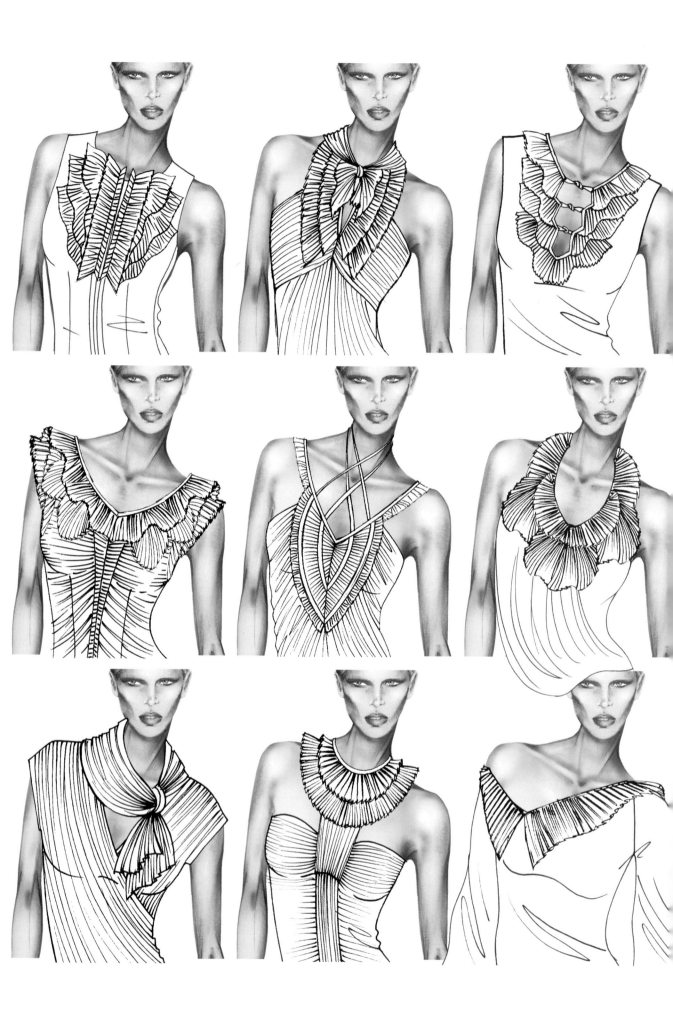

248

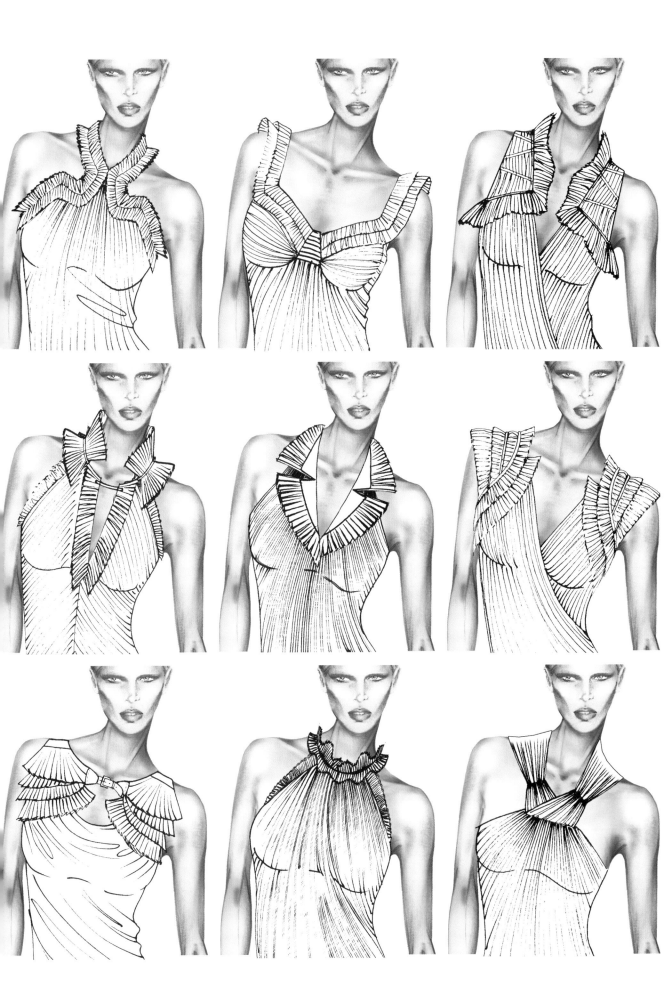

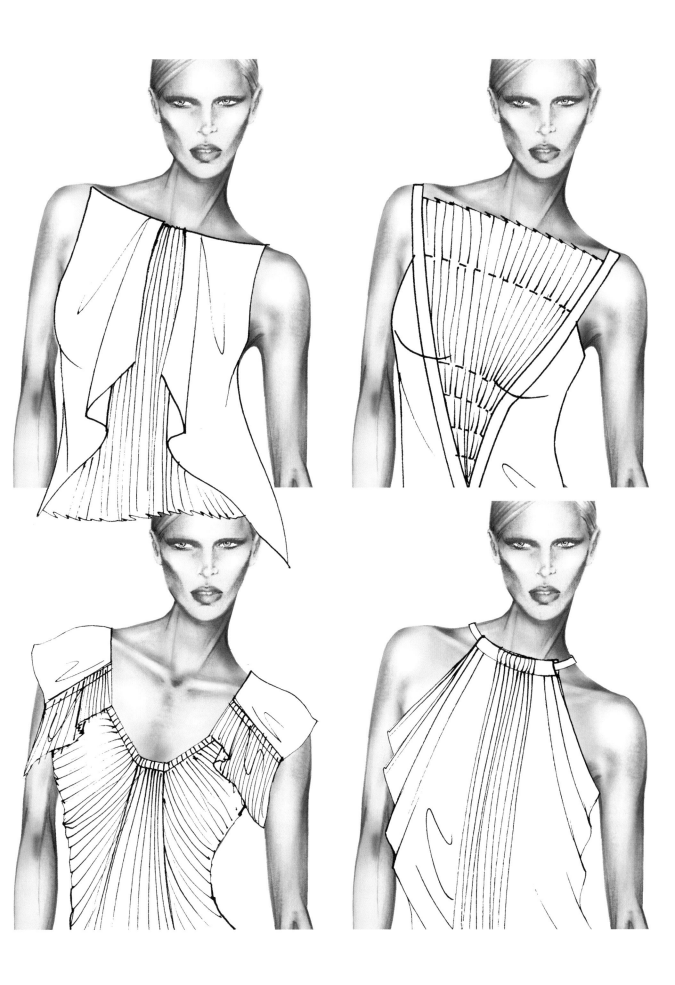

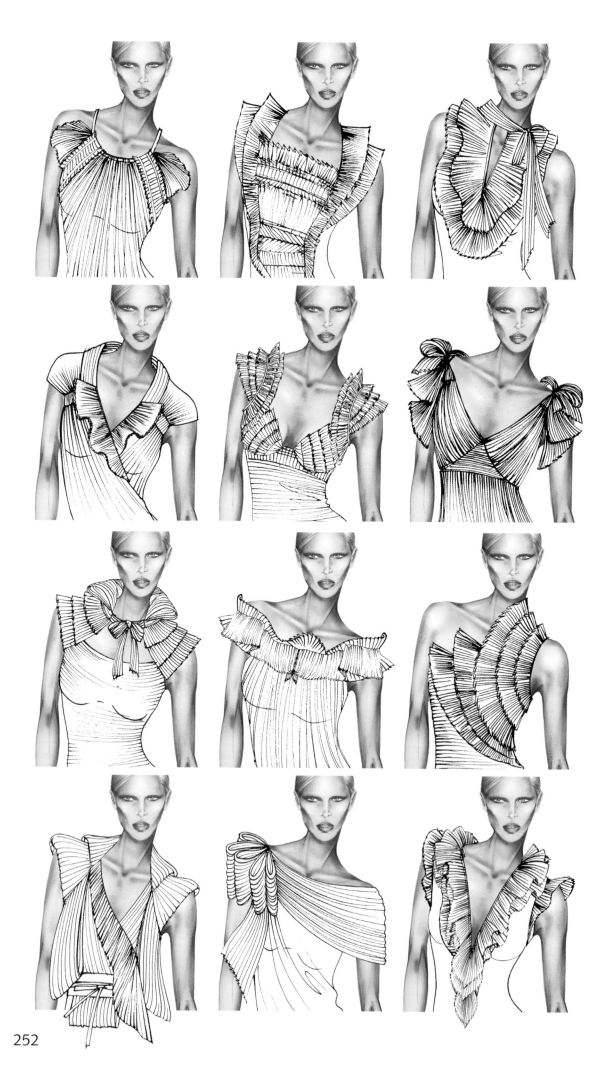

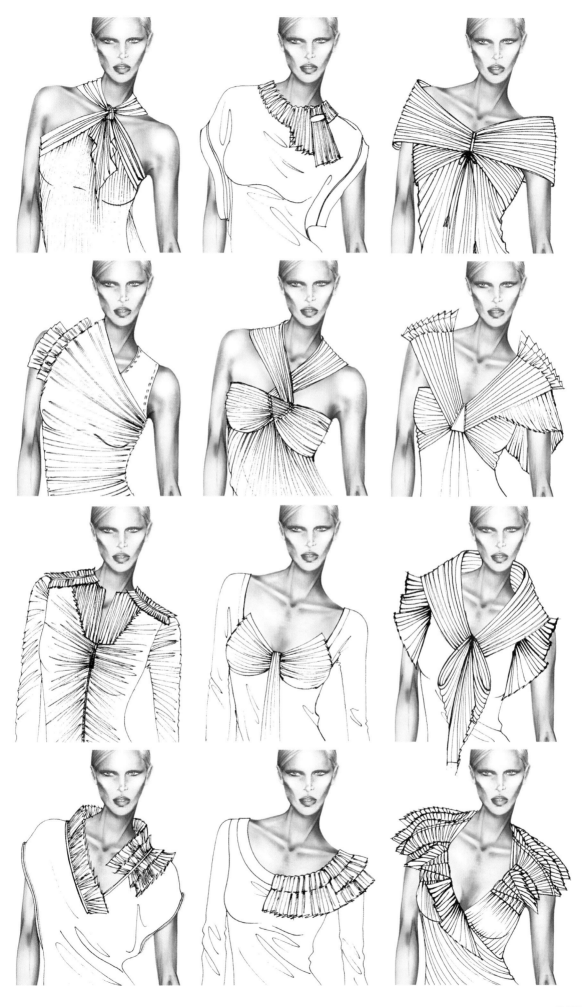

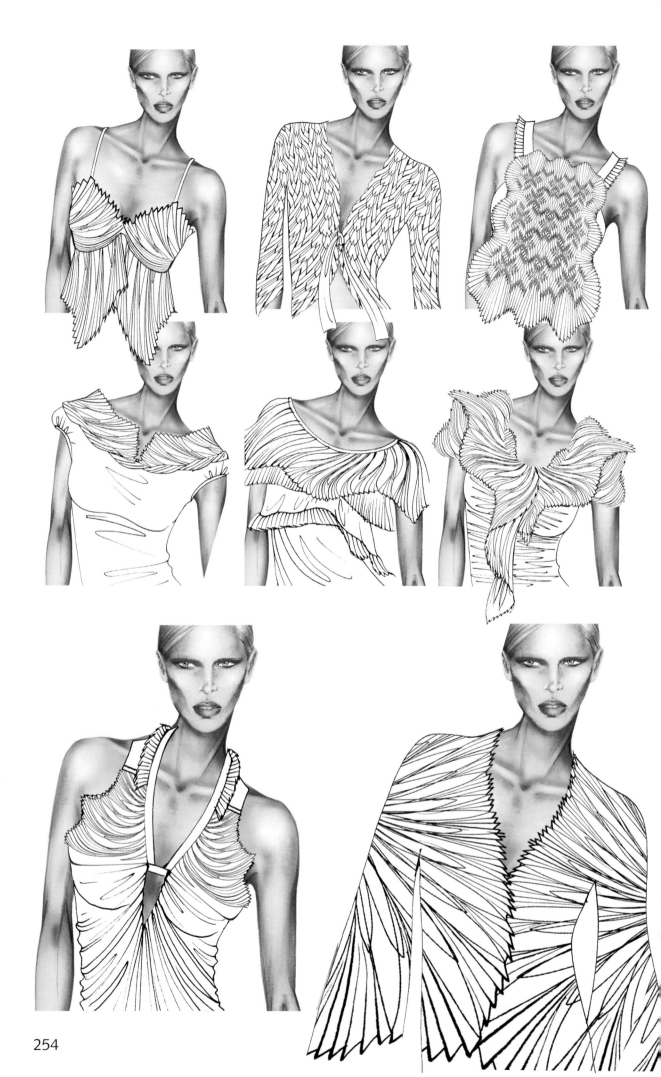

255

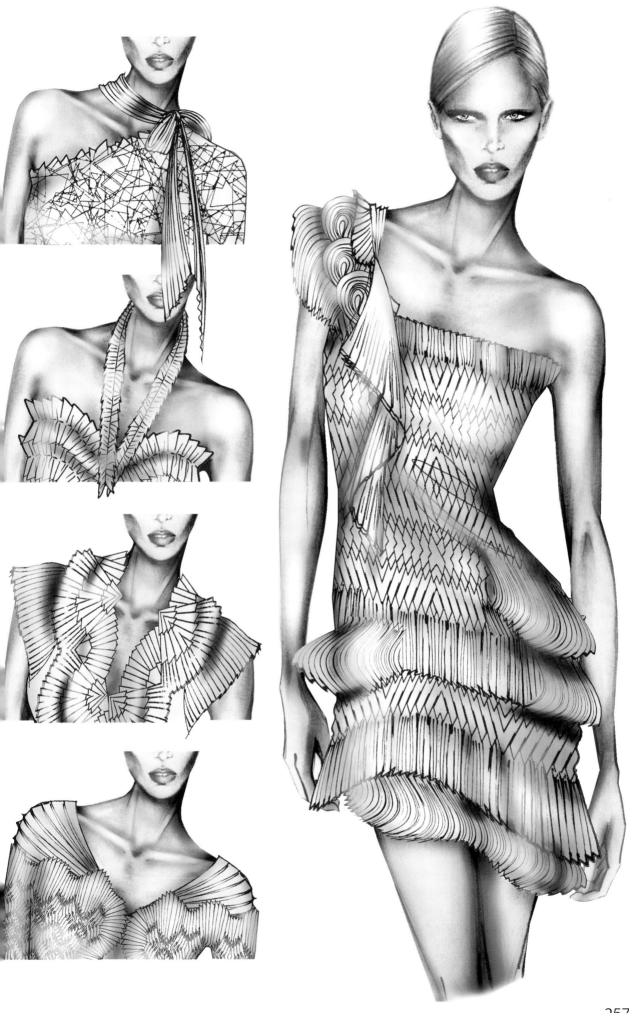

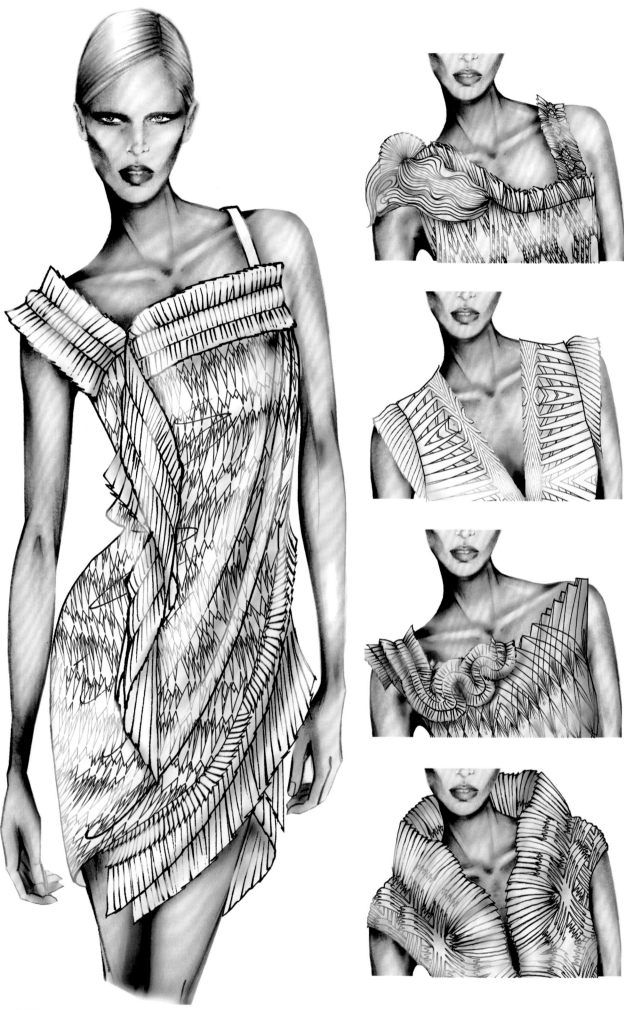

Gaurav Gupta

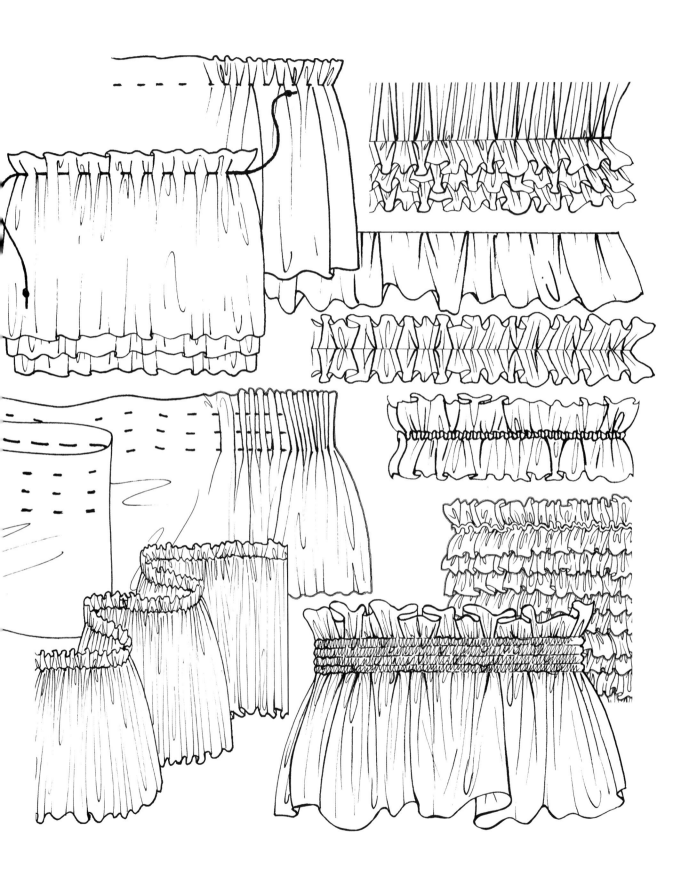

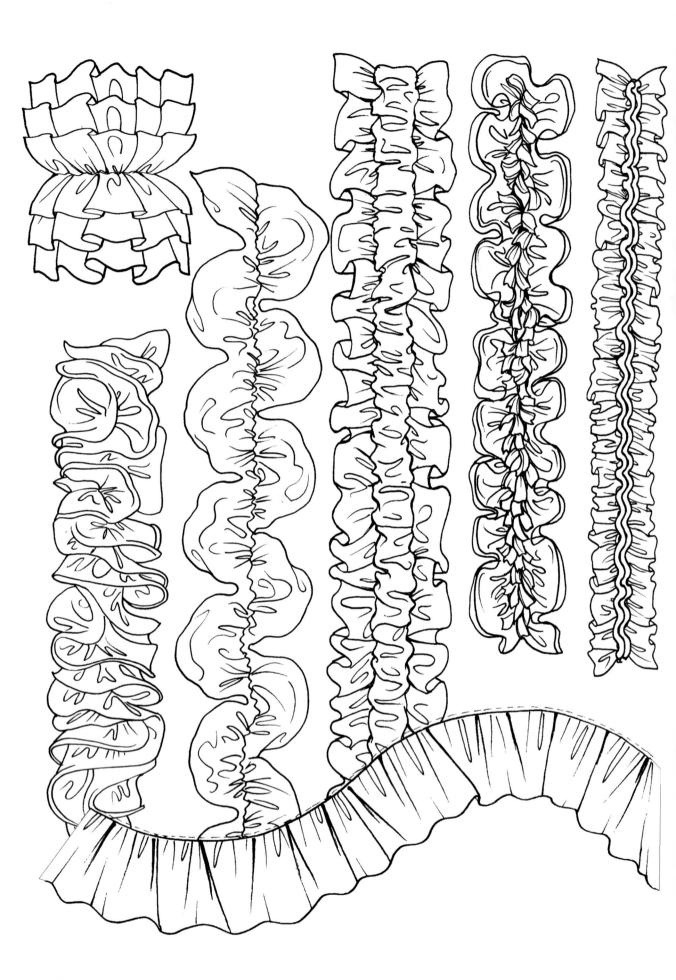

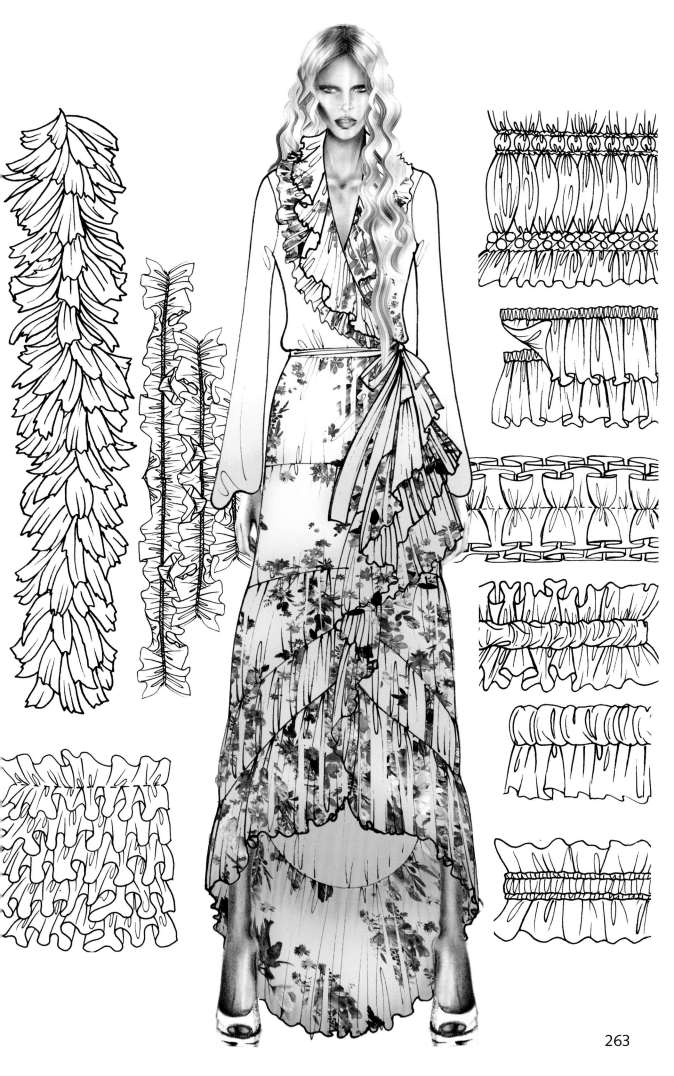

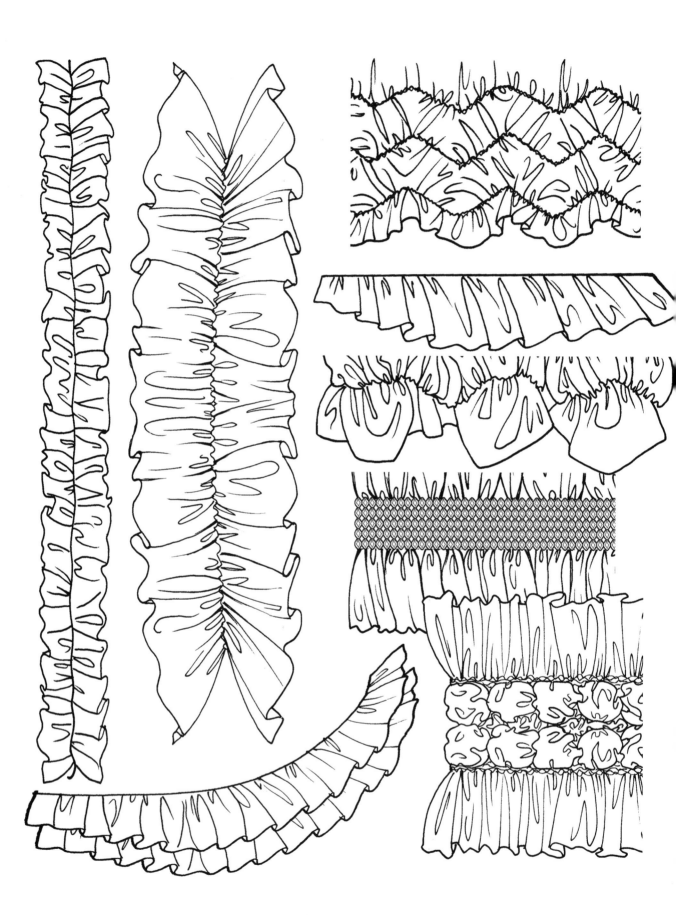

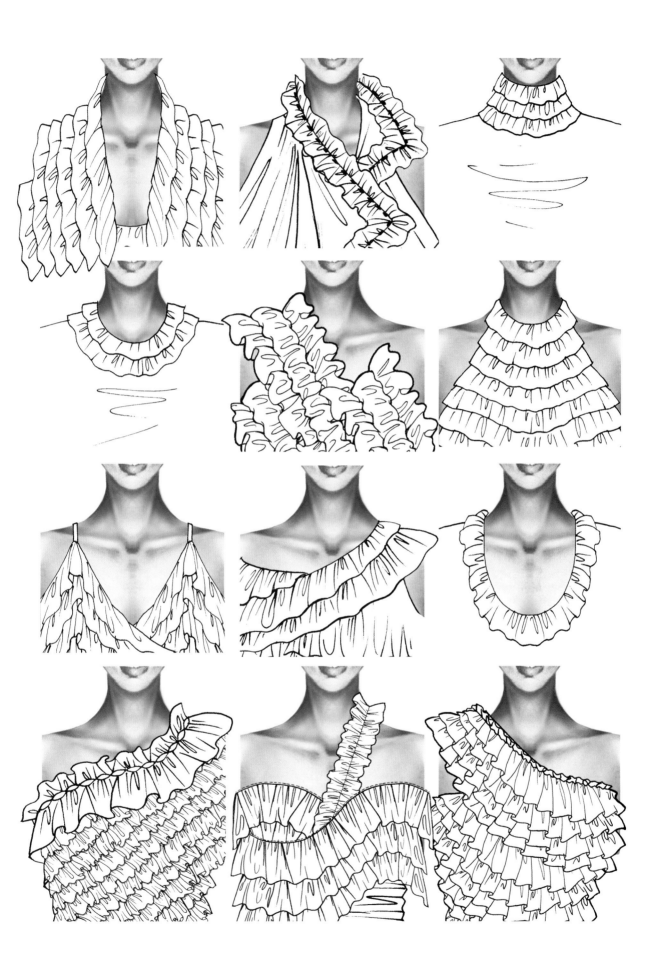

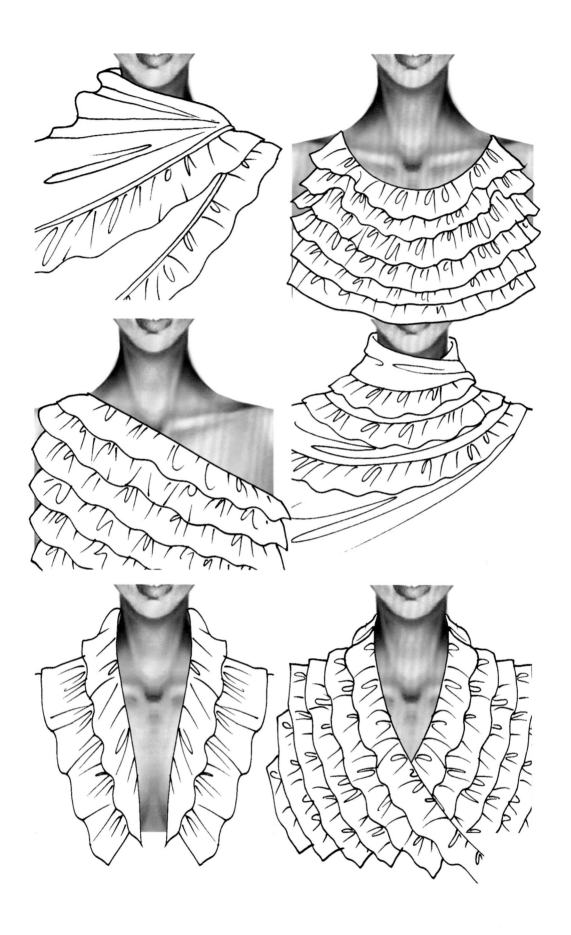

267

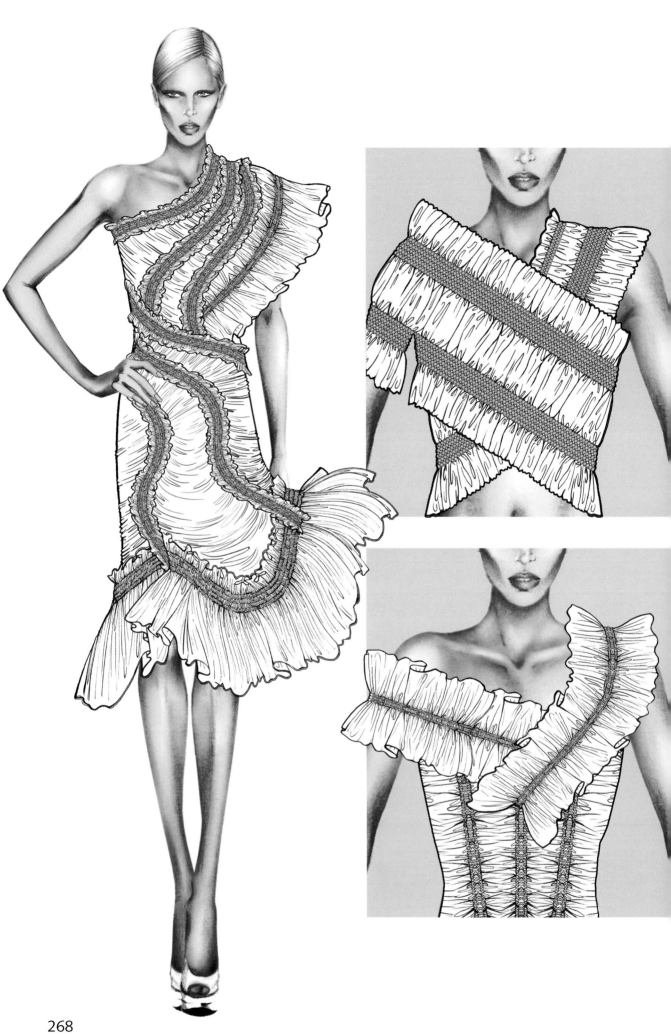

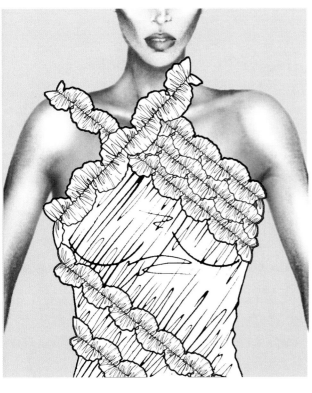

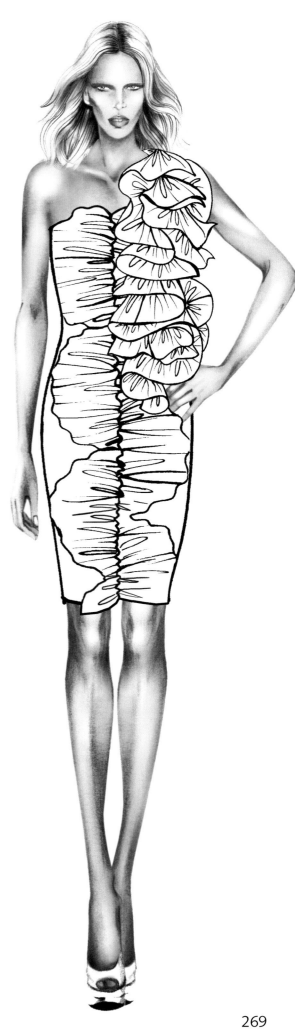

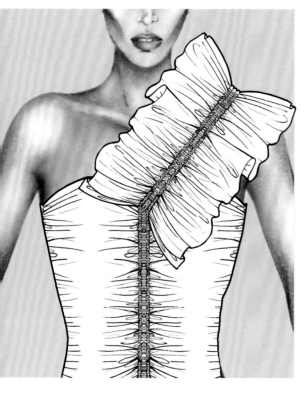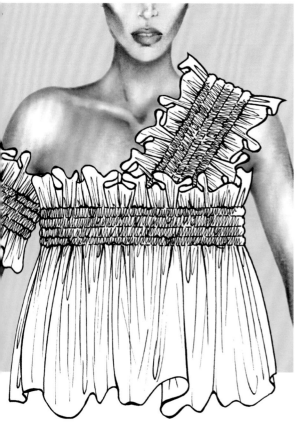

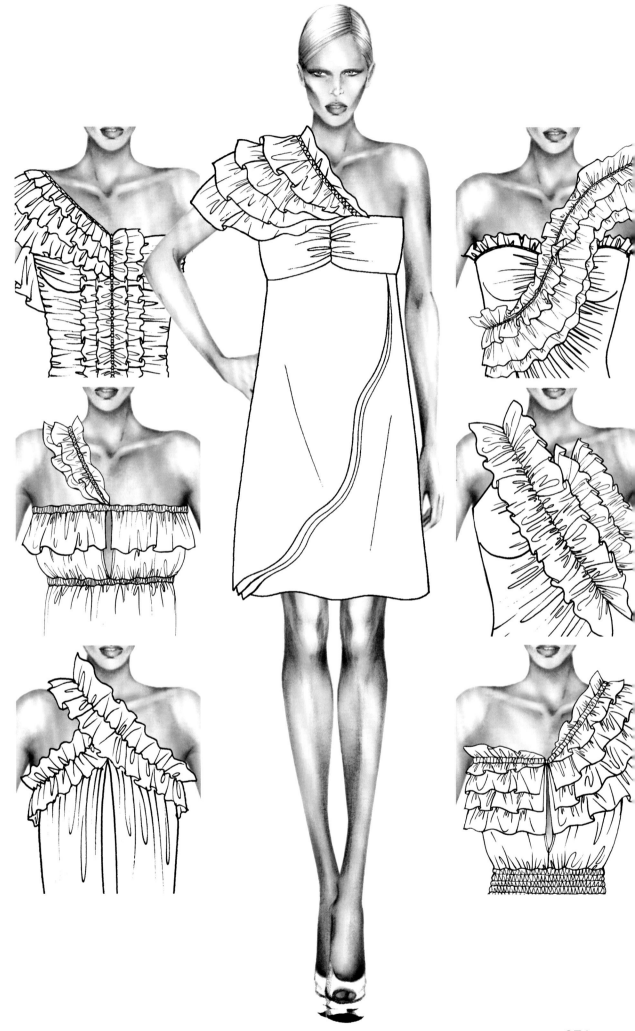

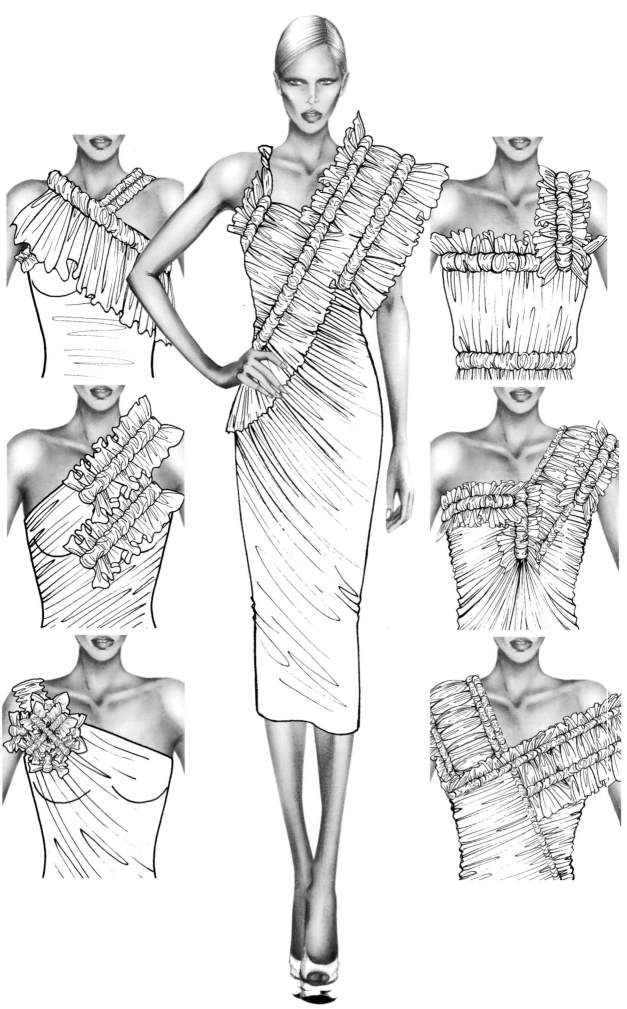

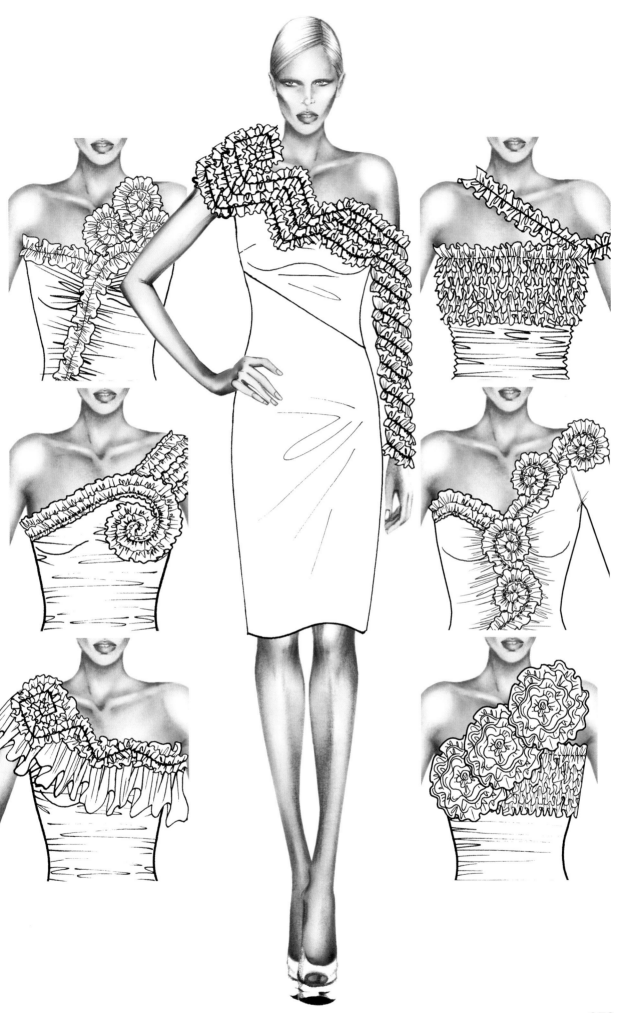

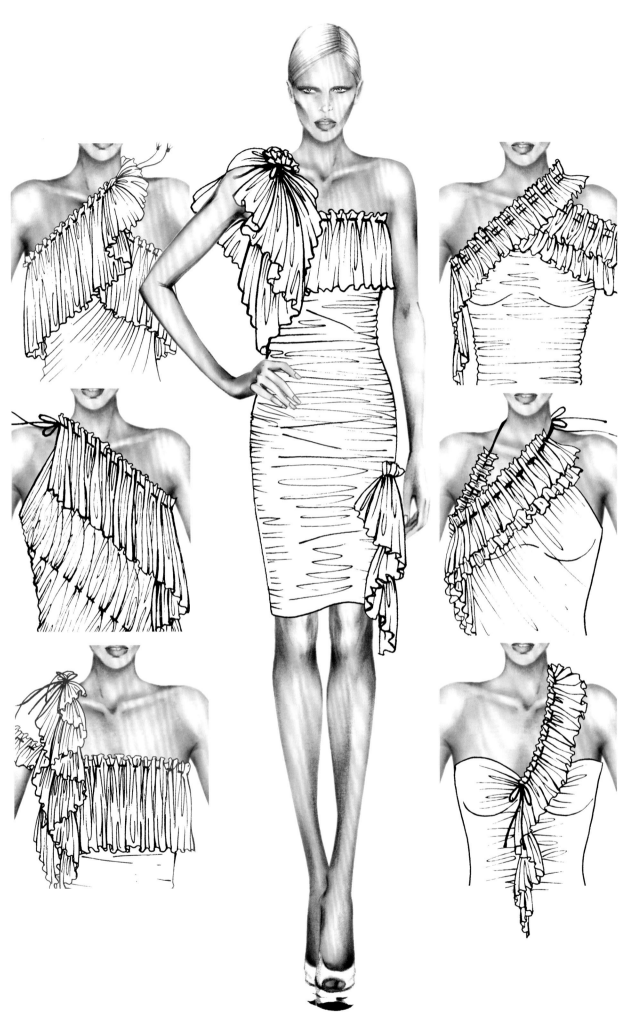

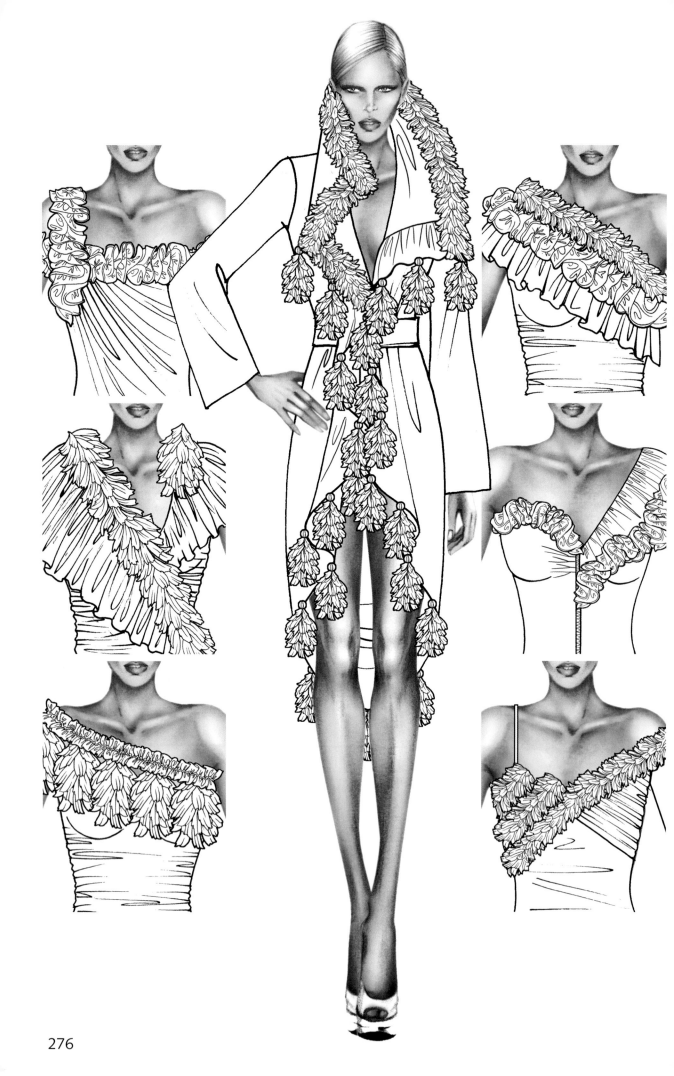

277

282

283

286

287

288

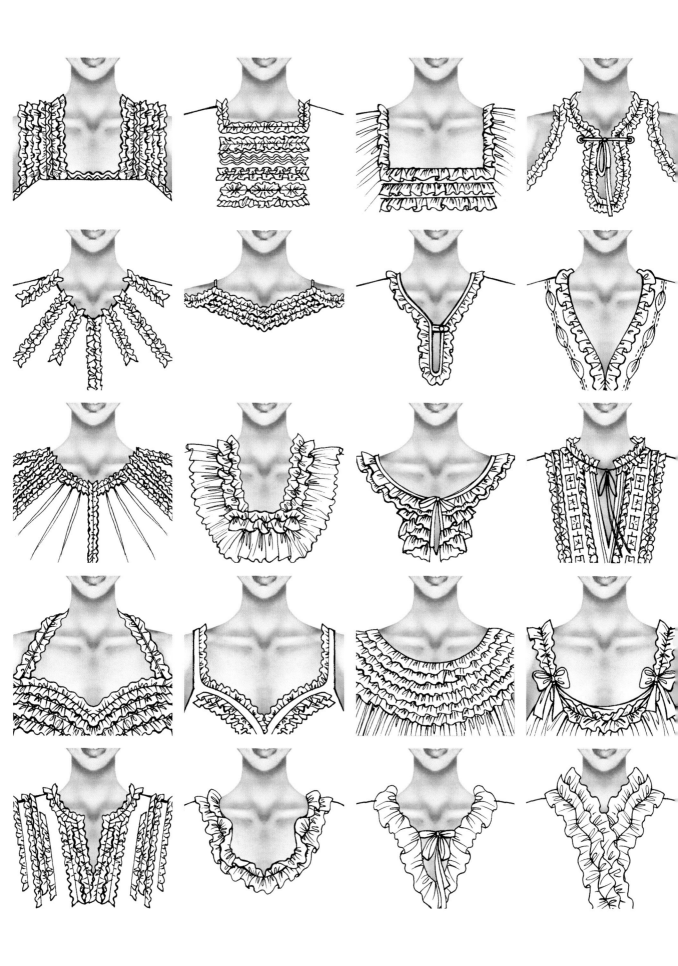

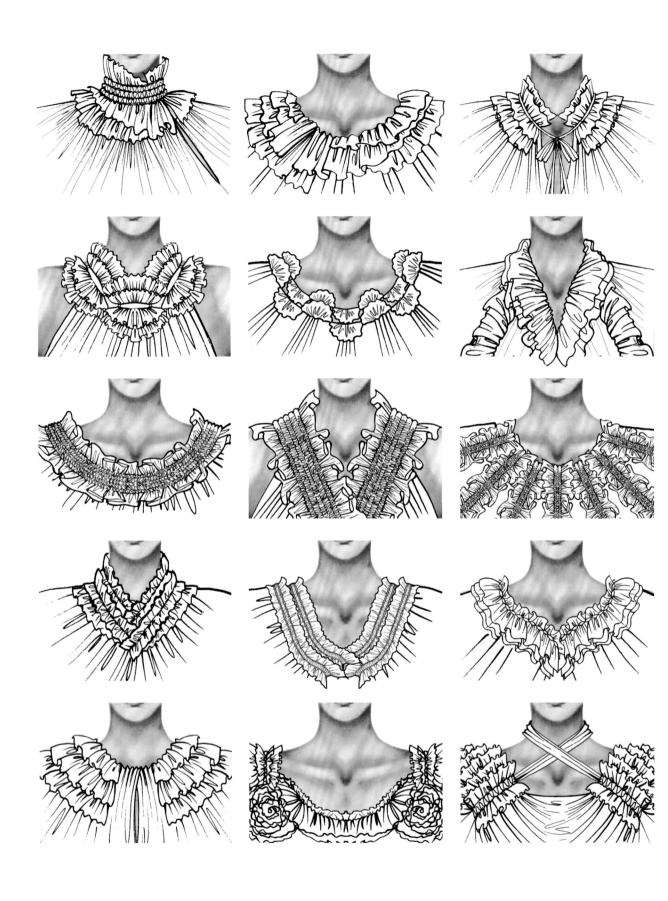

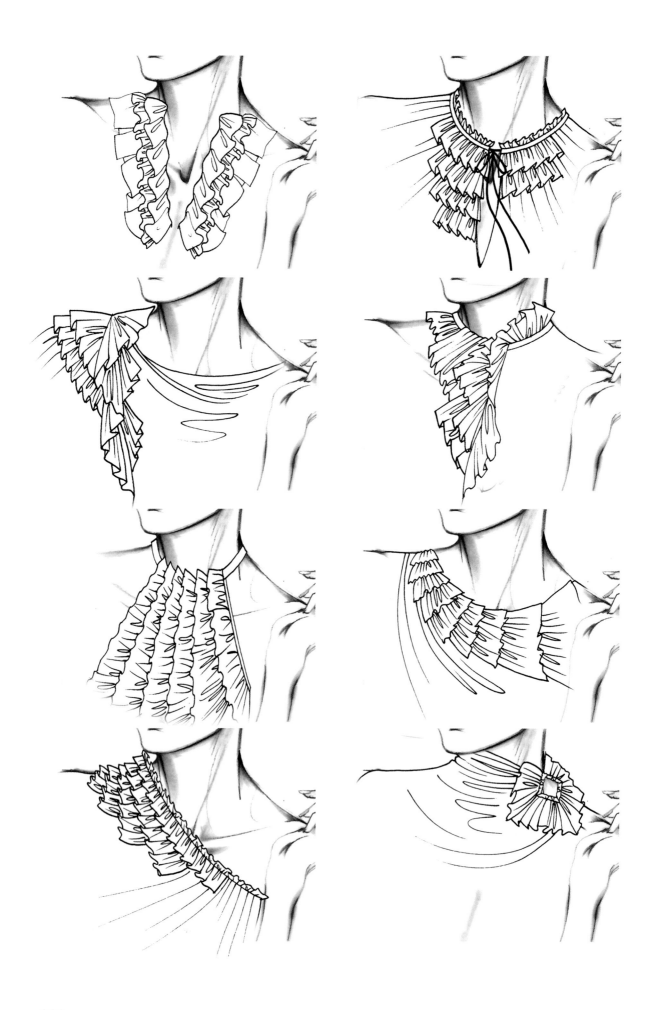

292

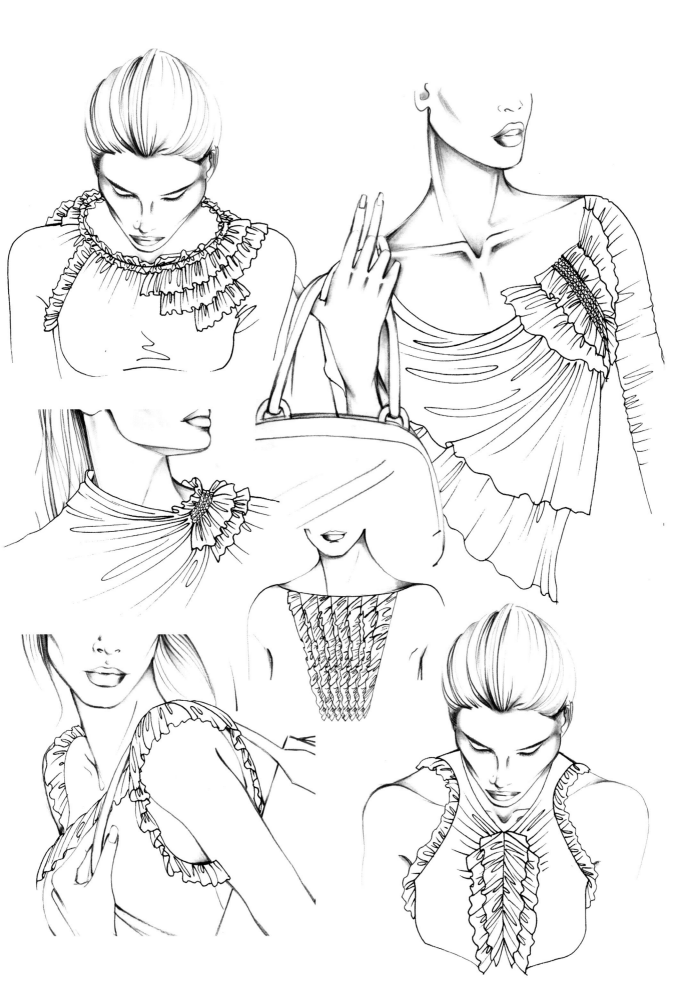

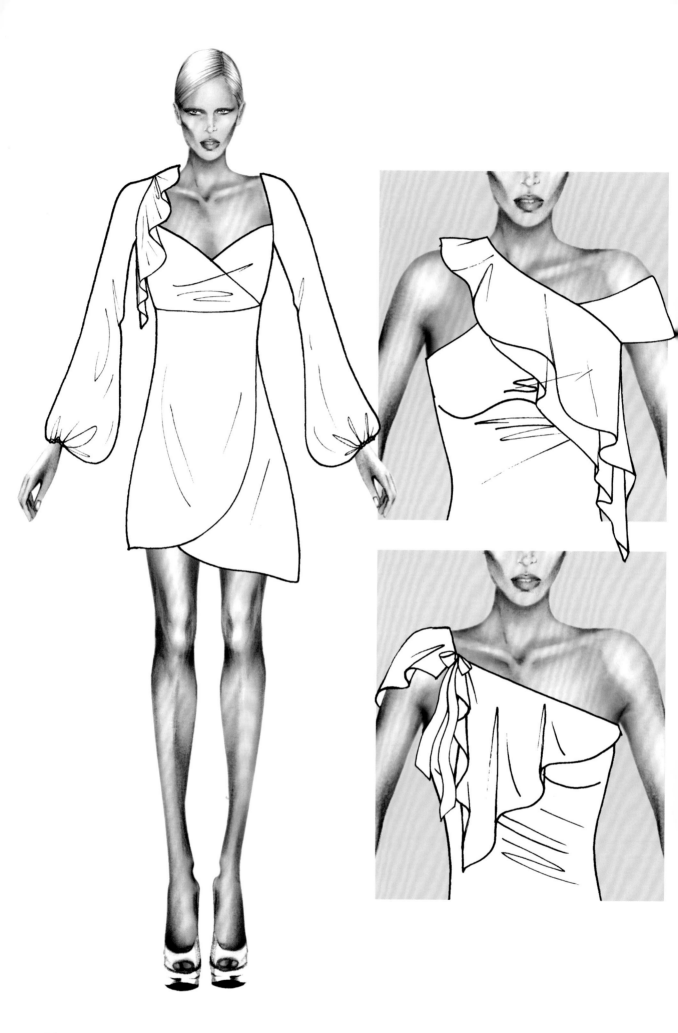

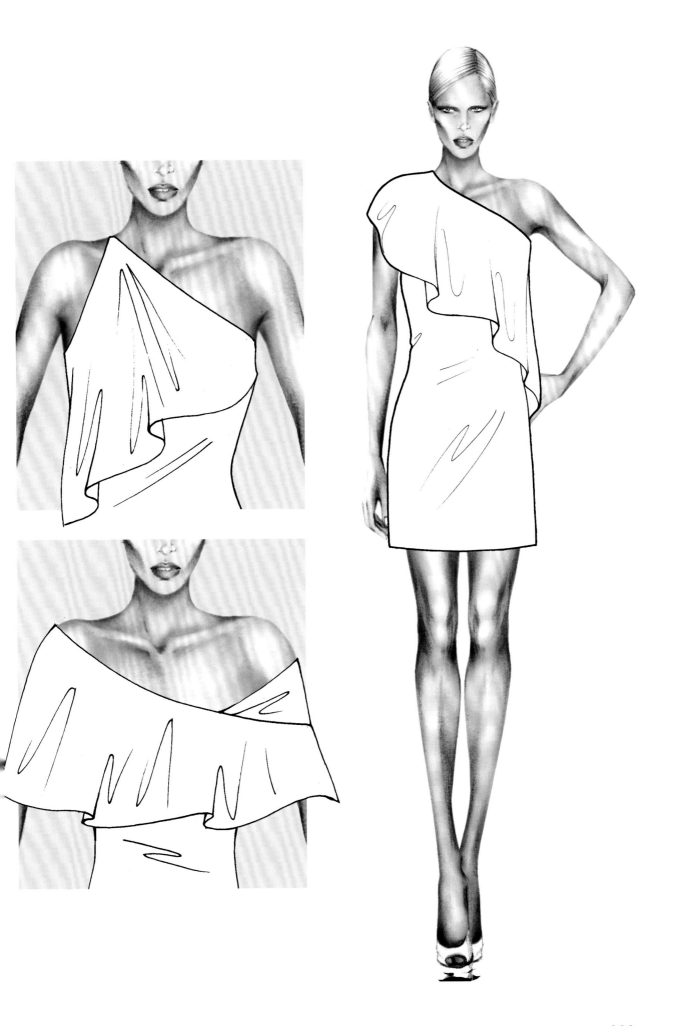

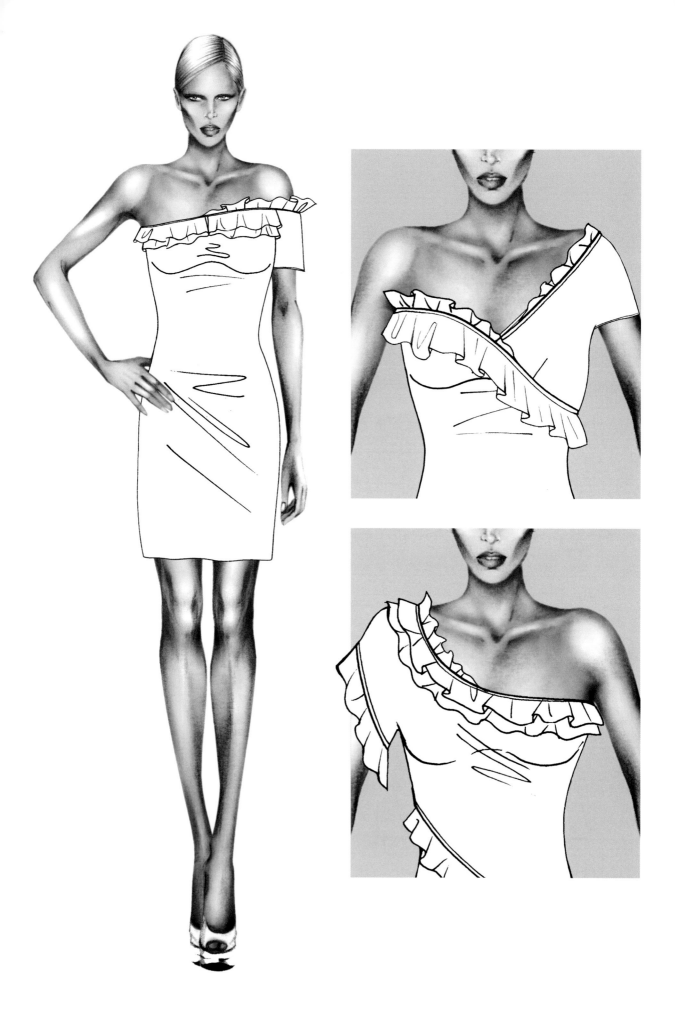

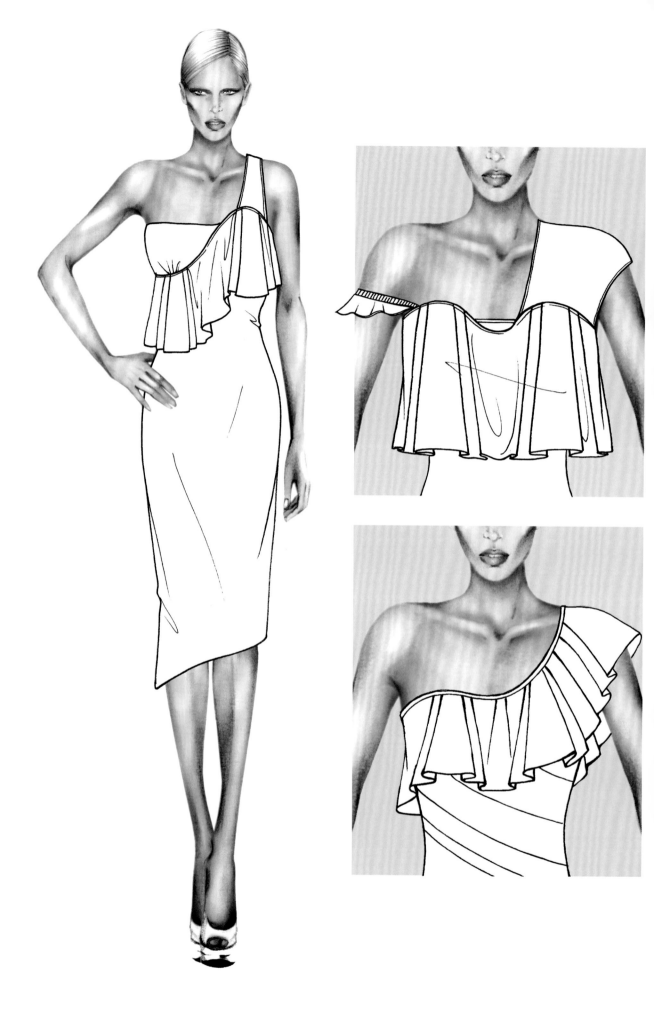

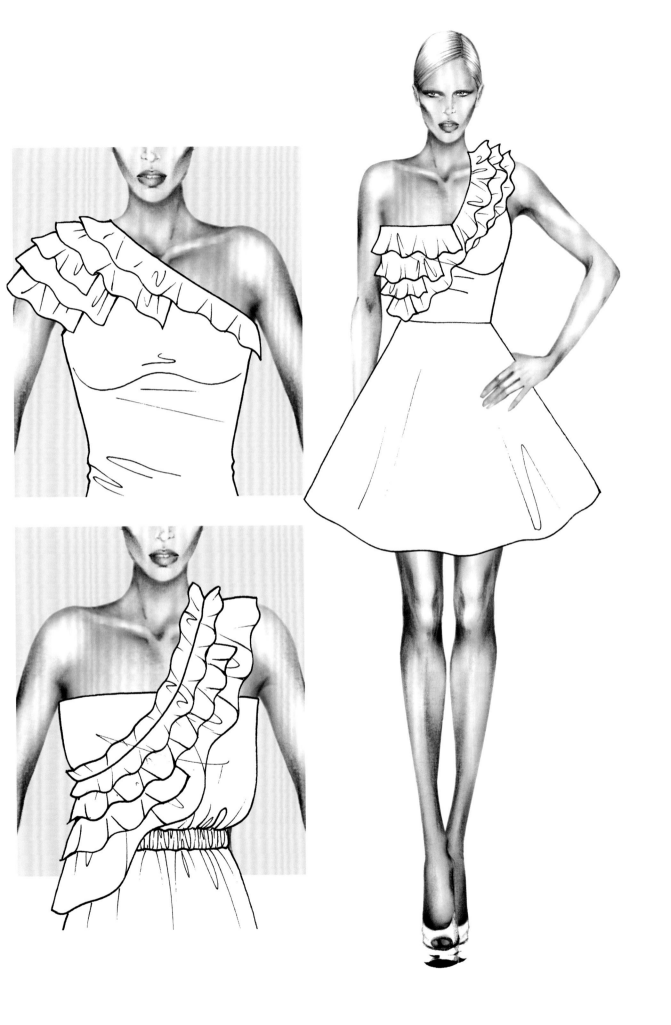

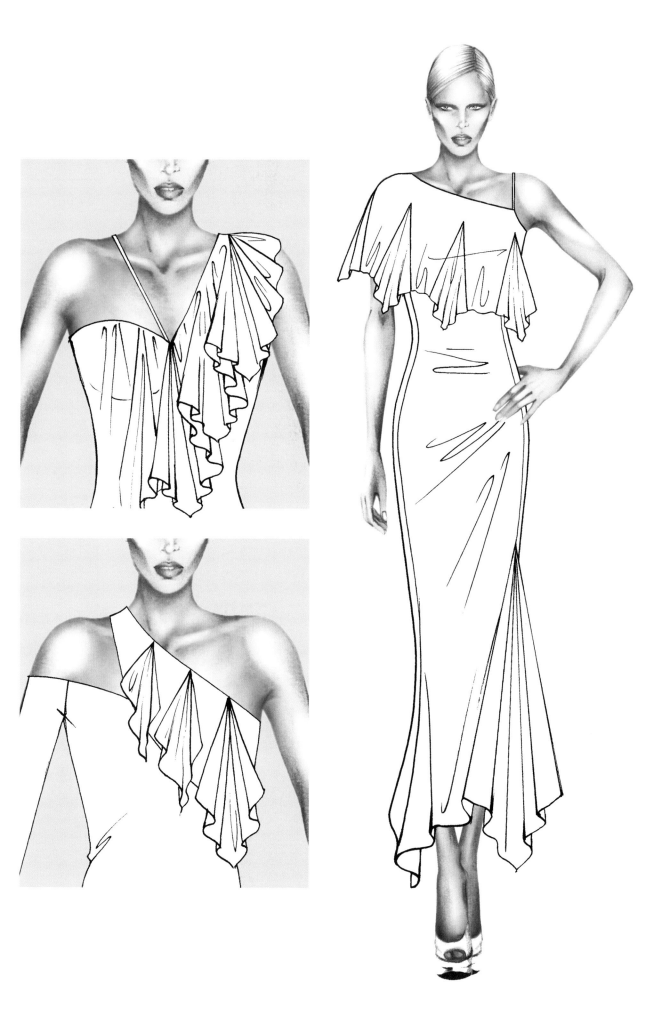

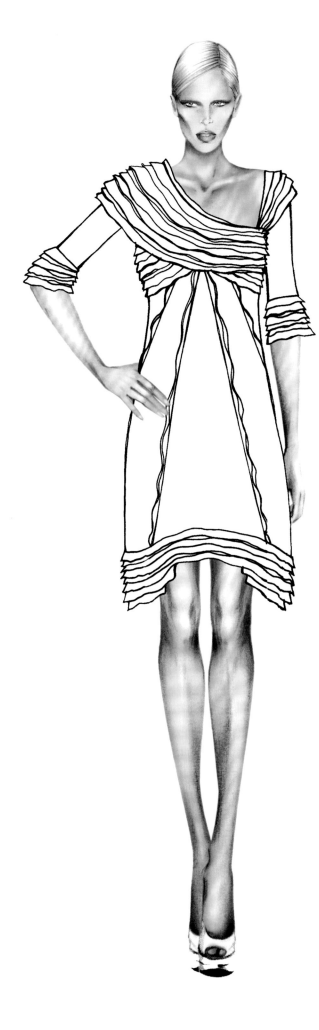

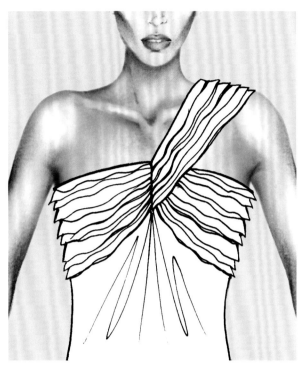

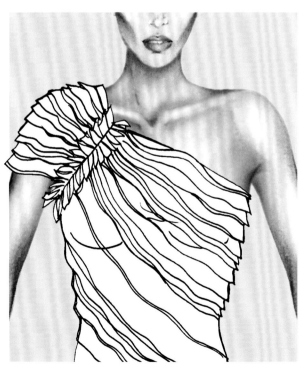

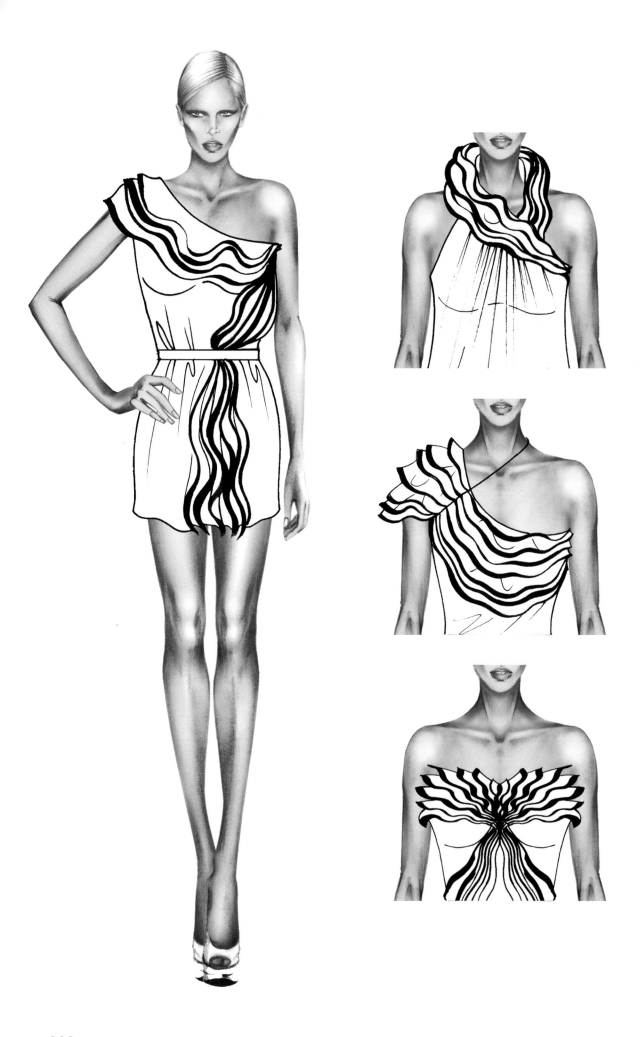

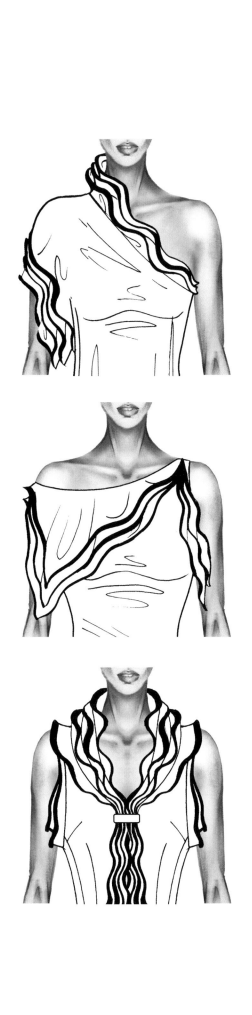

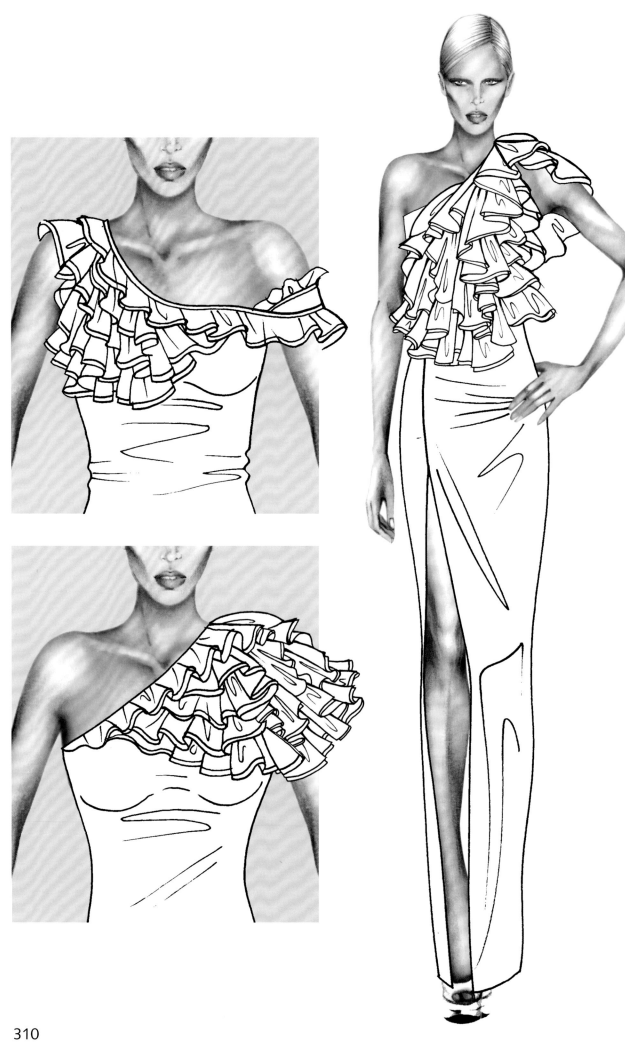

311

312

313

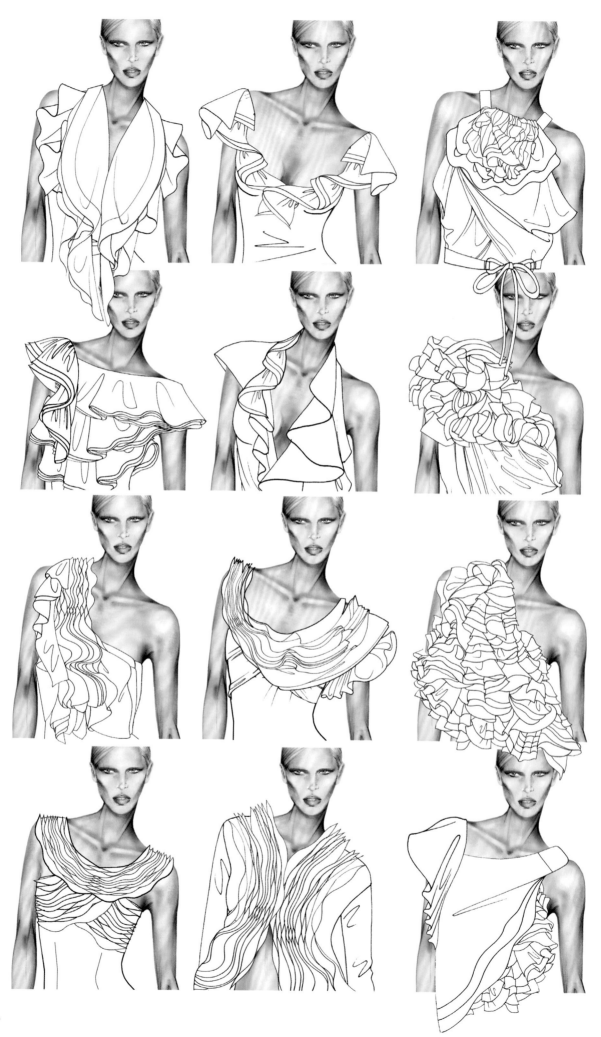

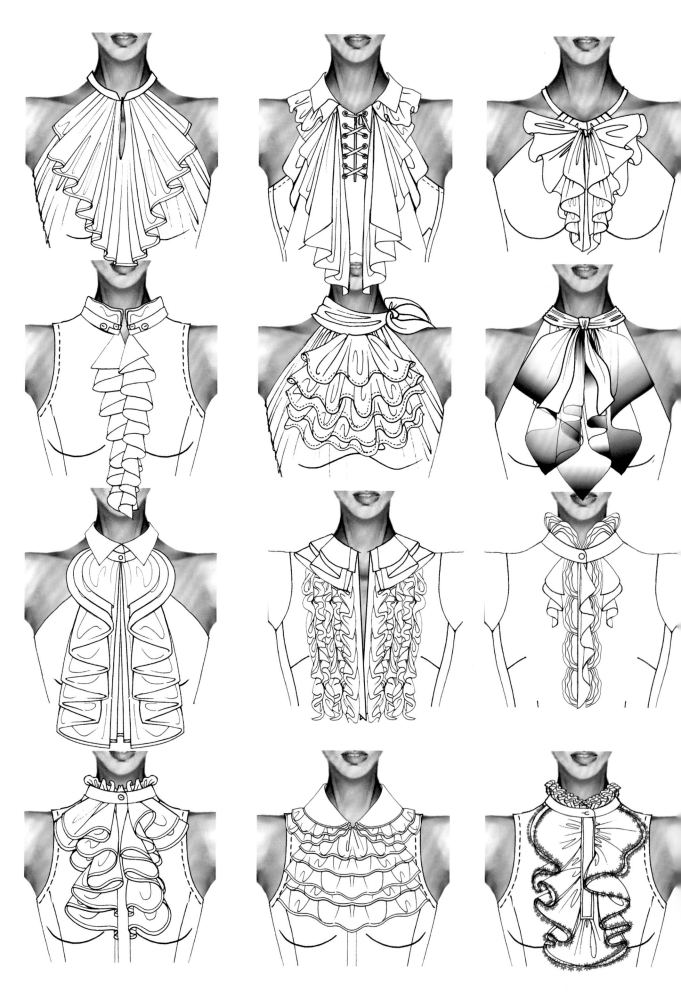

Prillo

Prillo

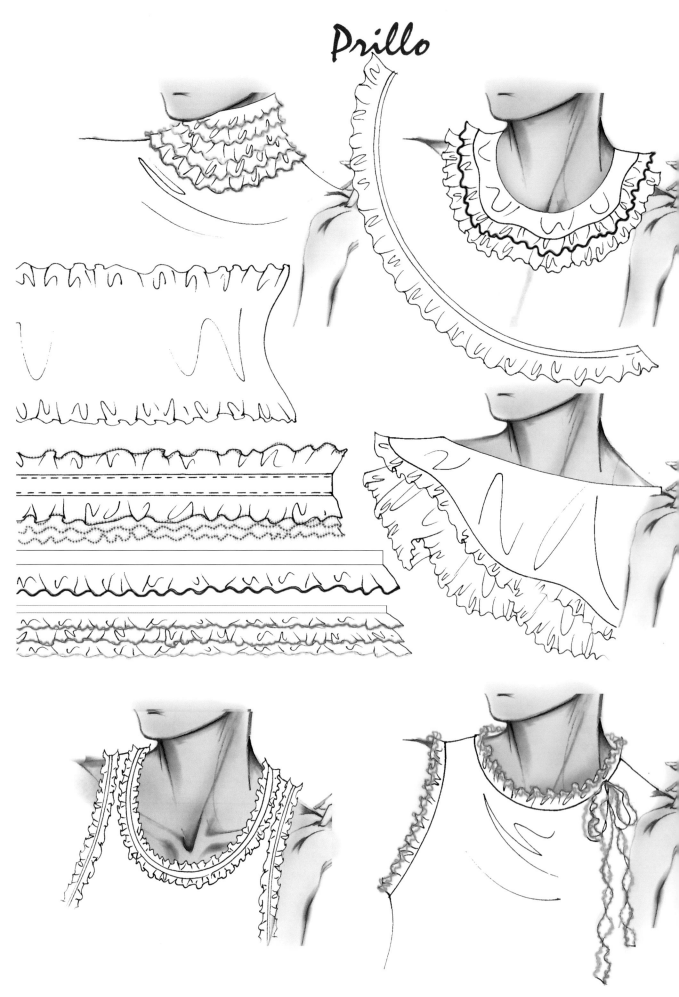

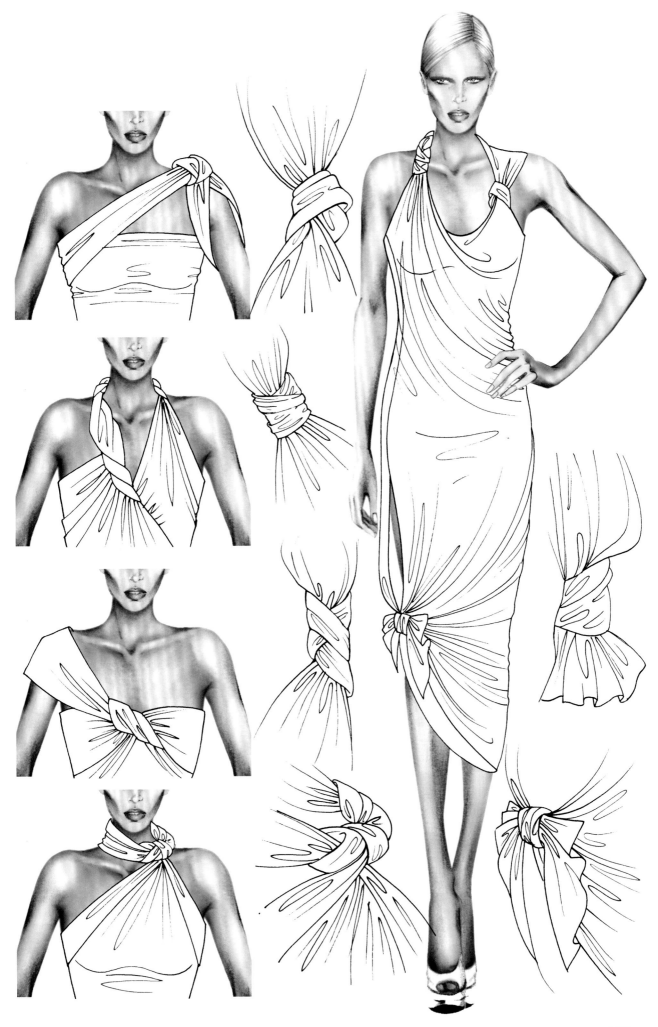

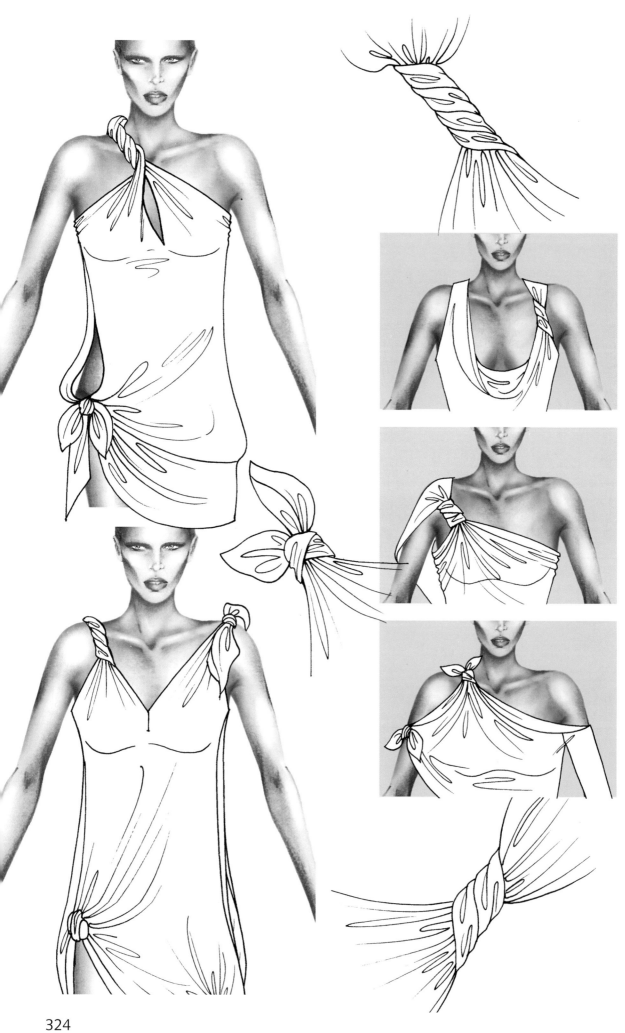

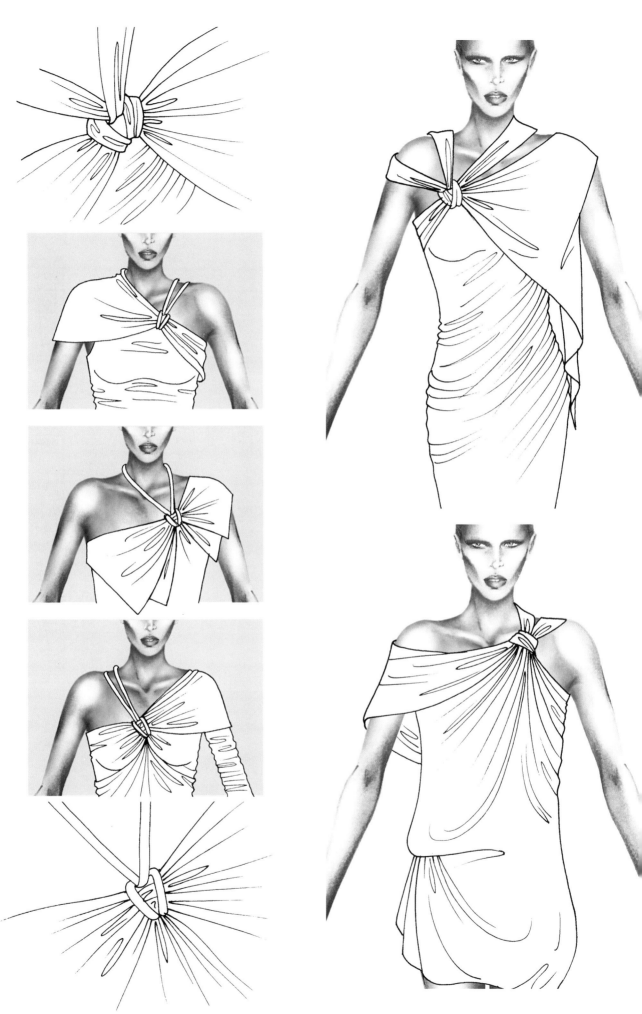

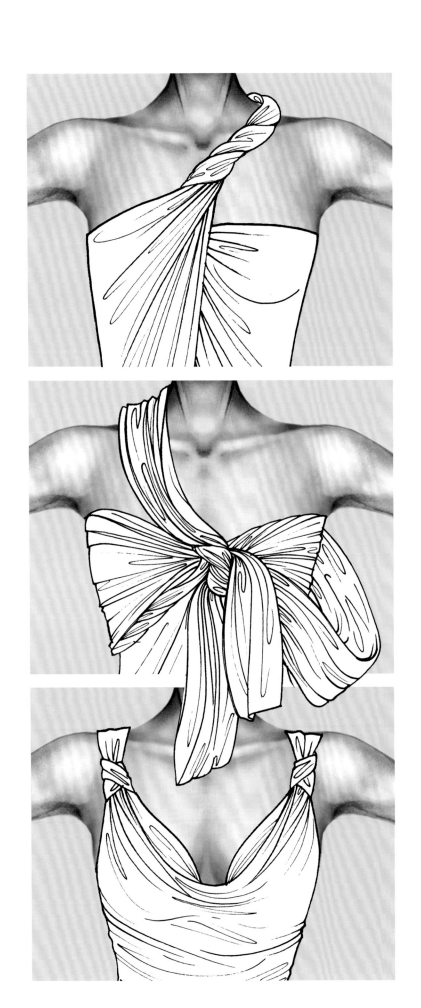

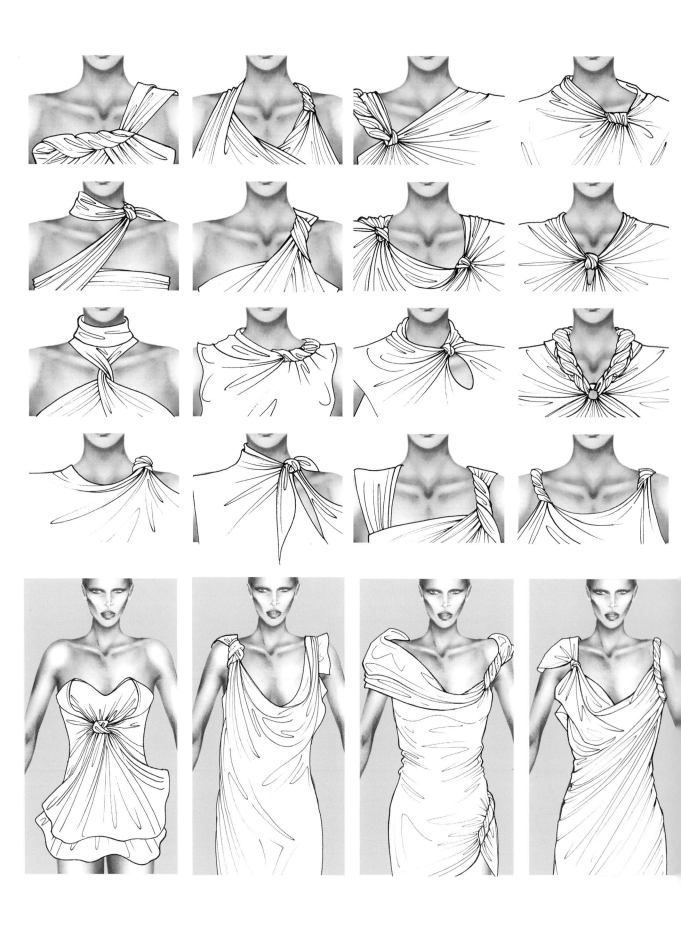

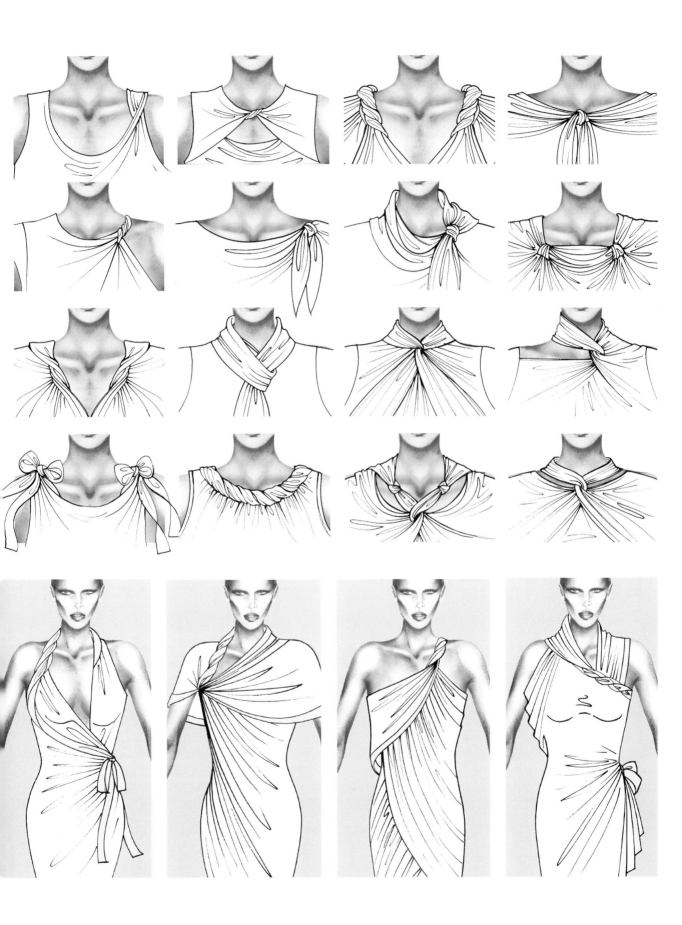

329

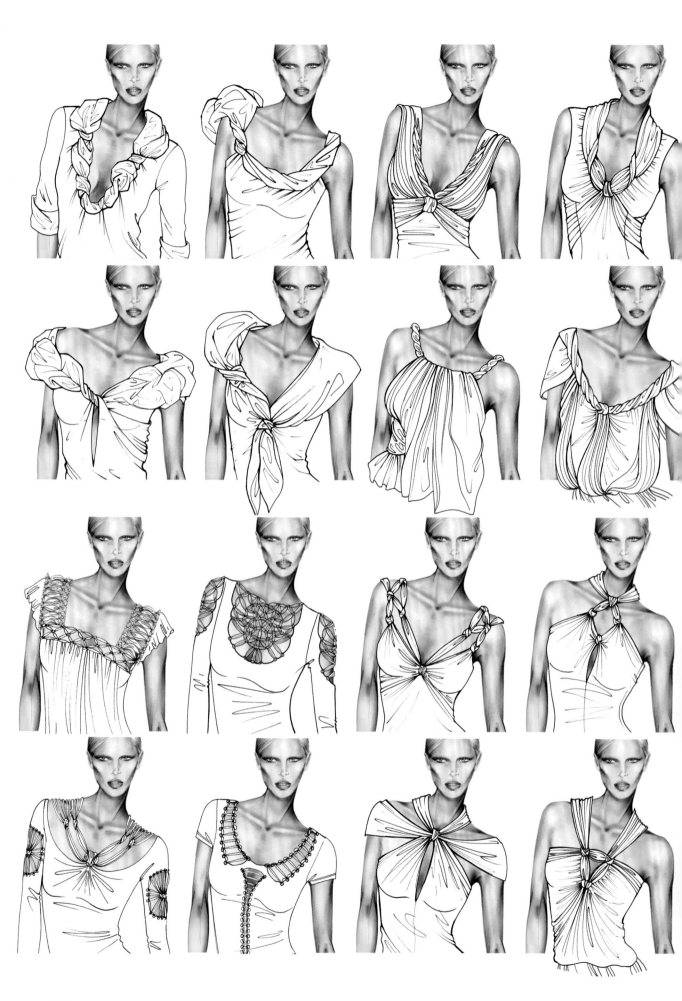

330

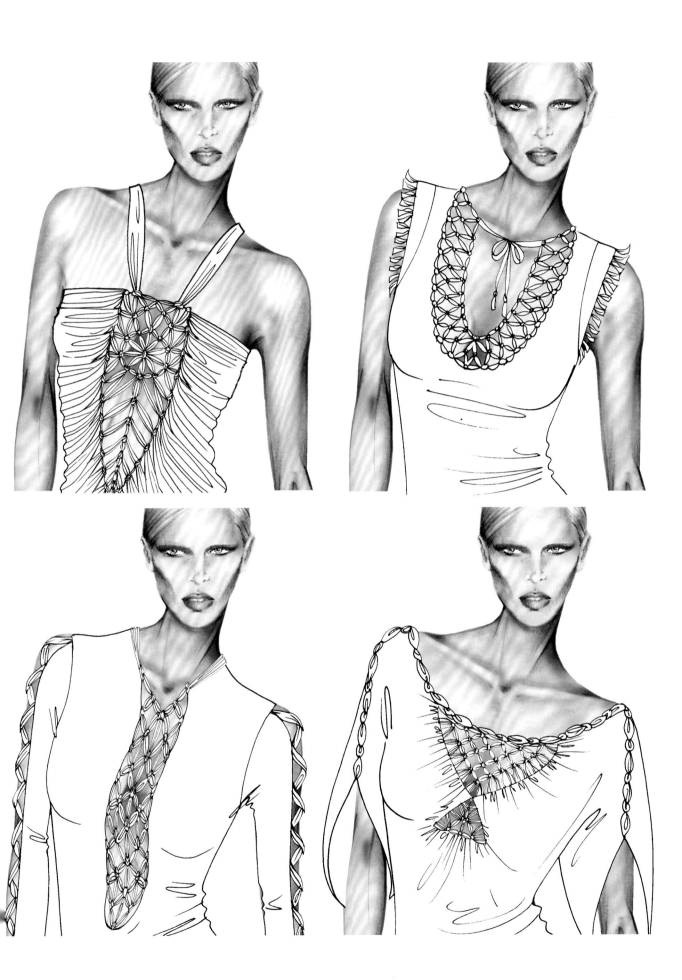

331

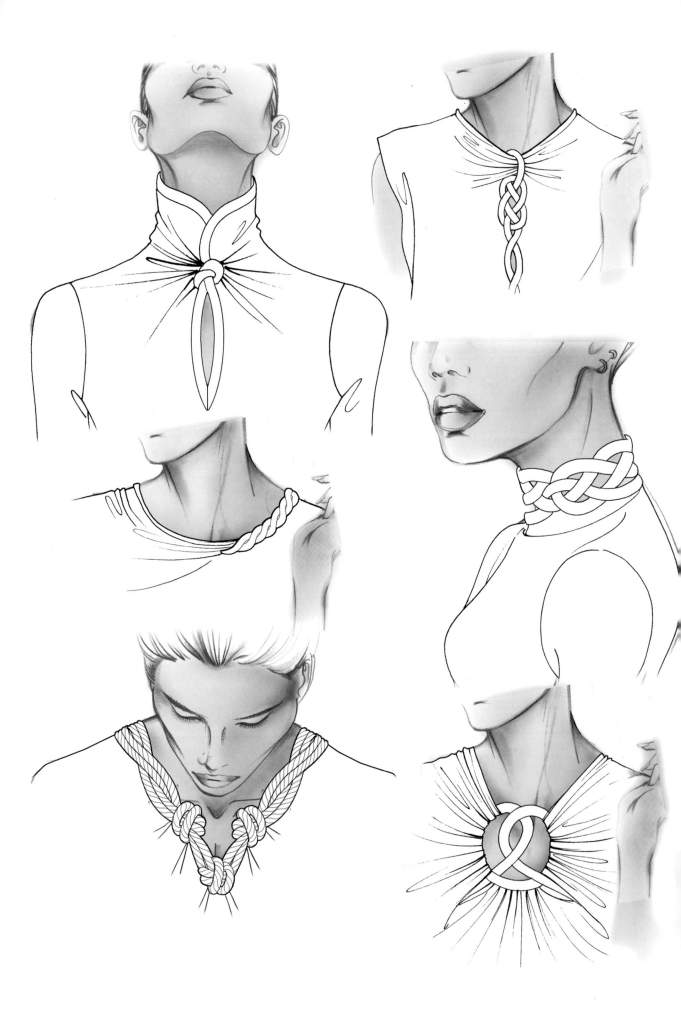

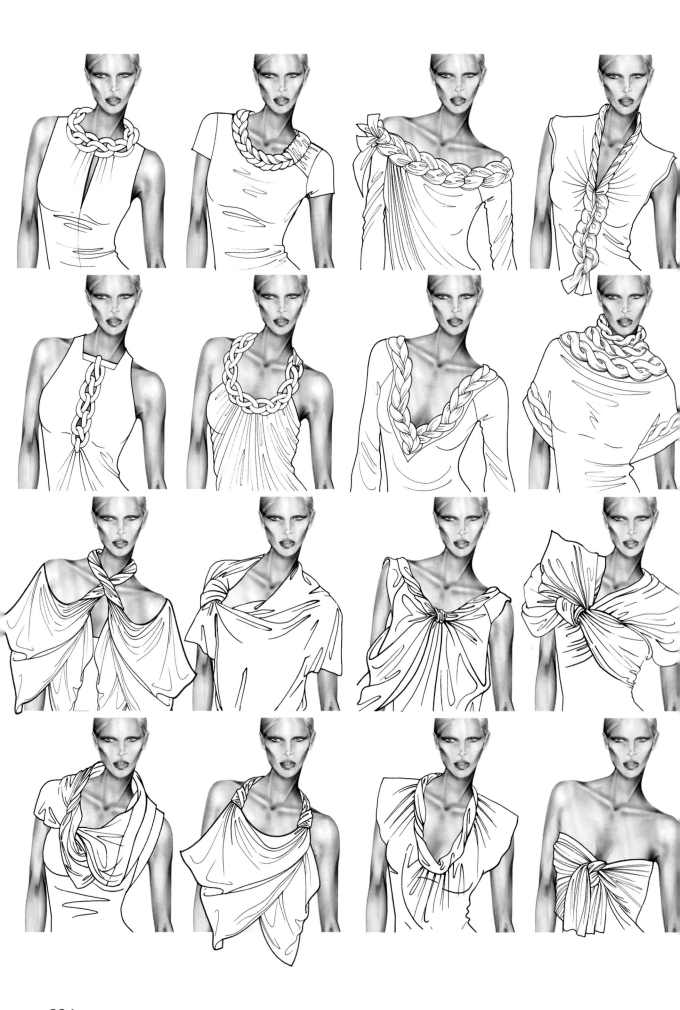

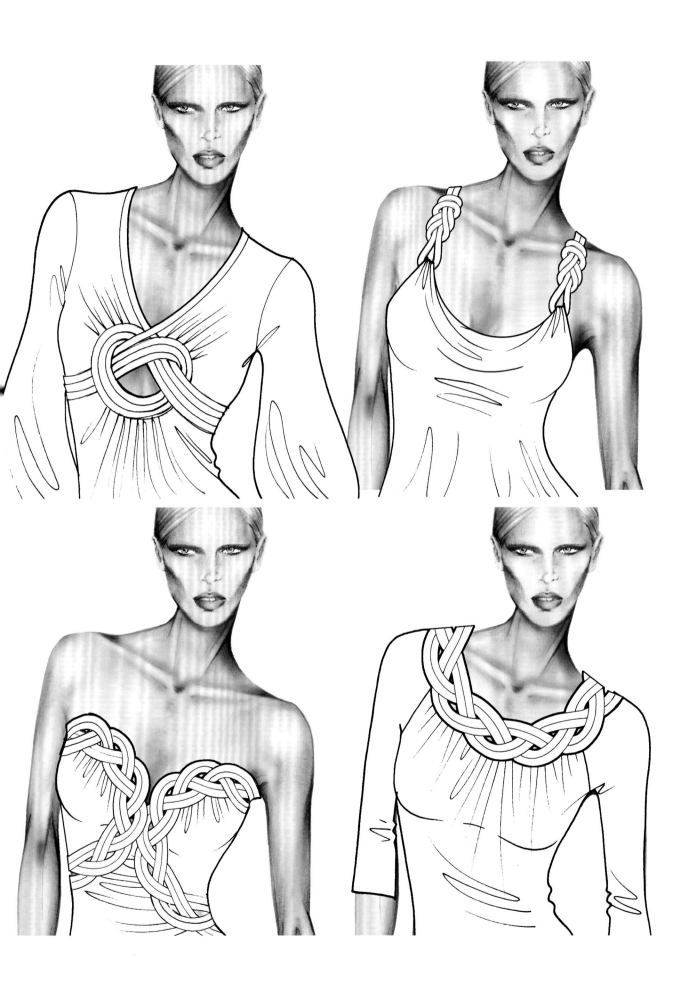

335

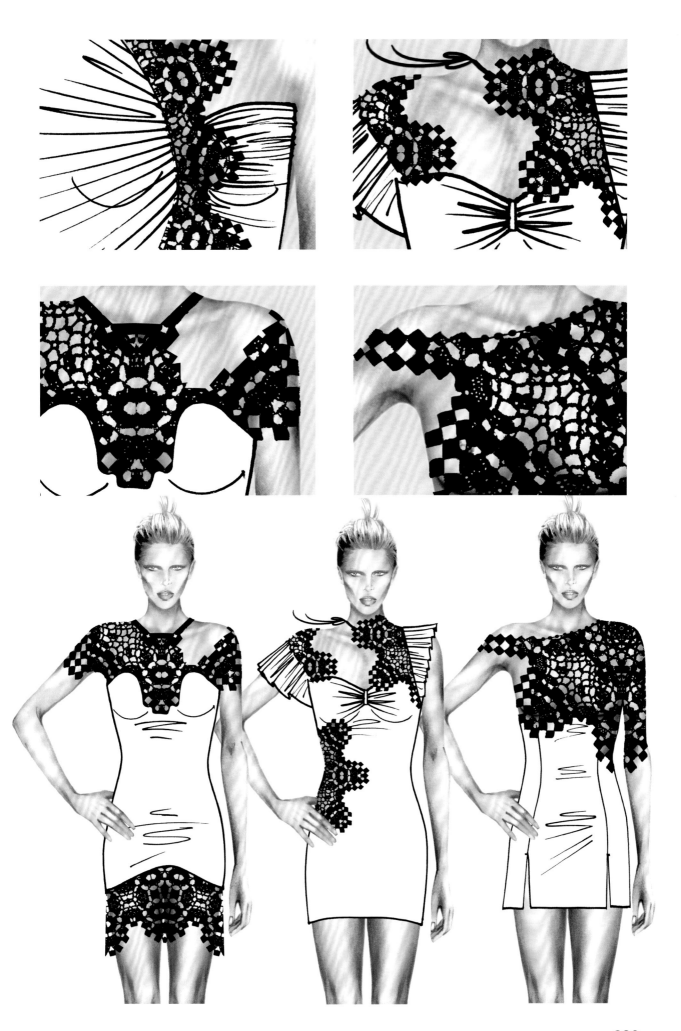

343

344

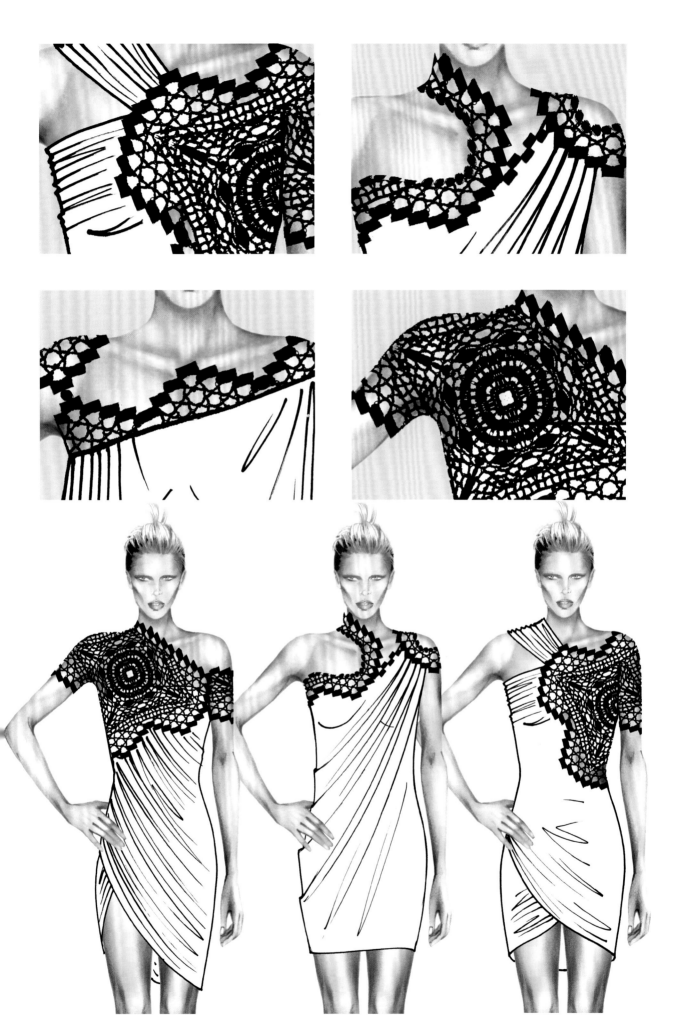

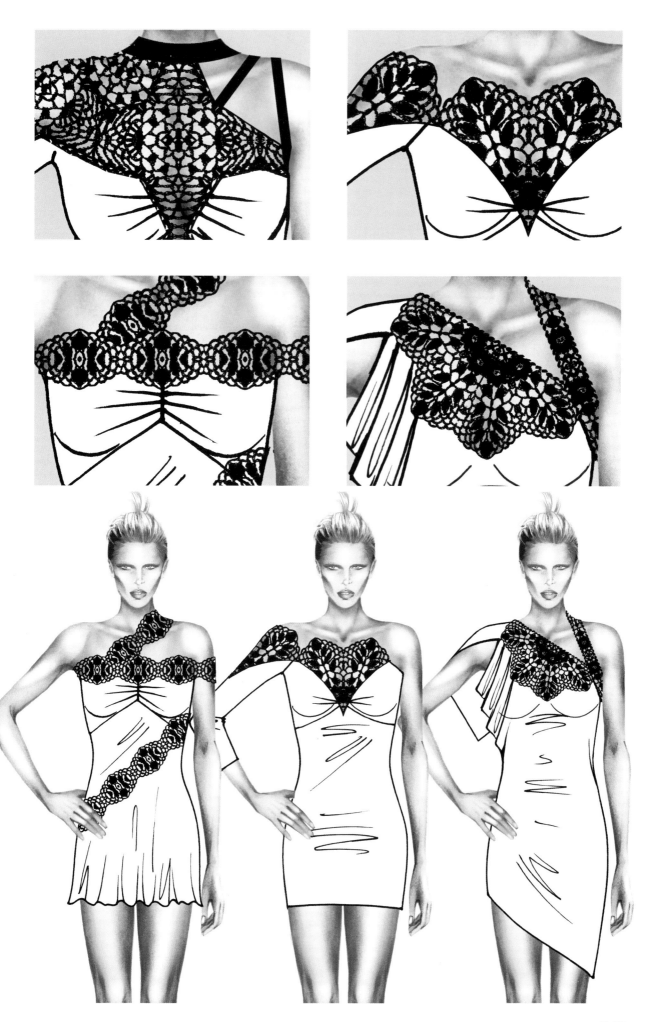

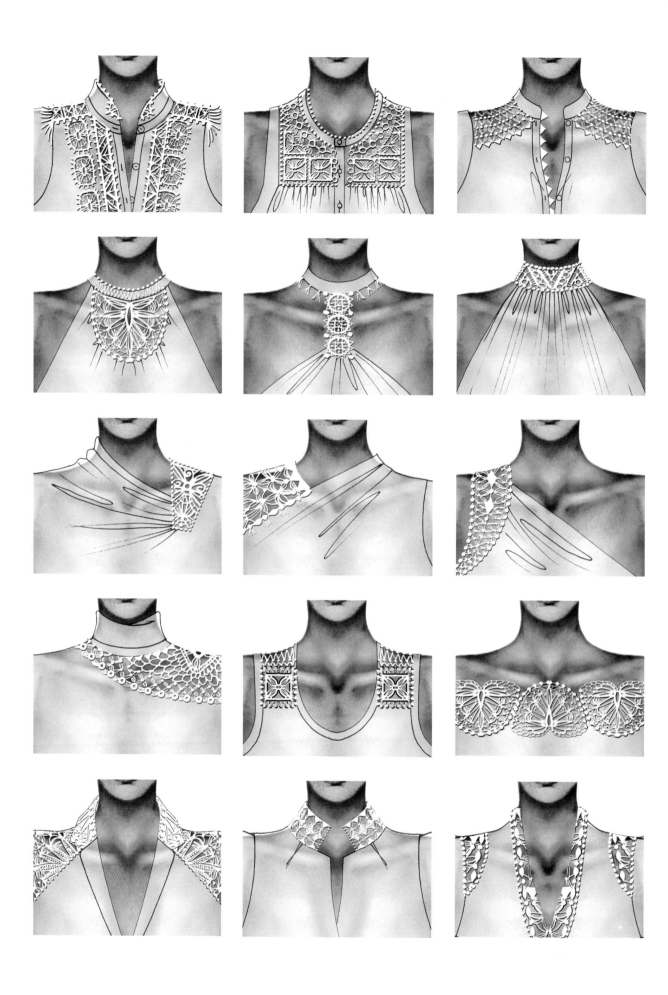

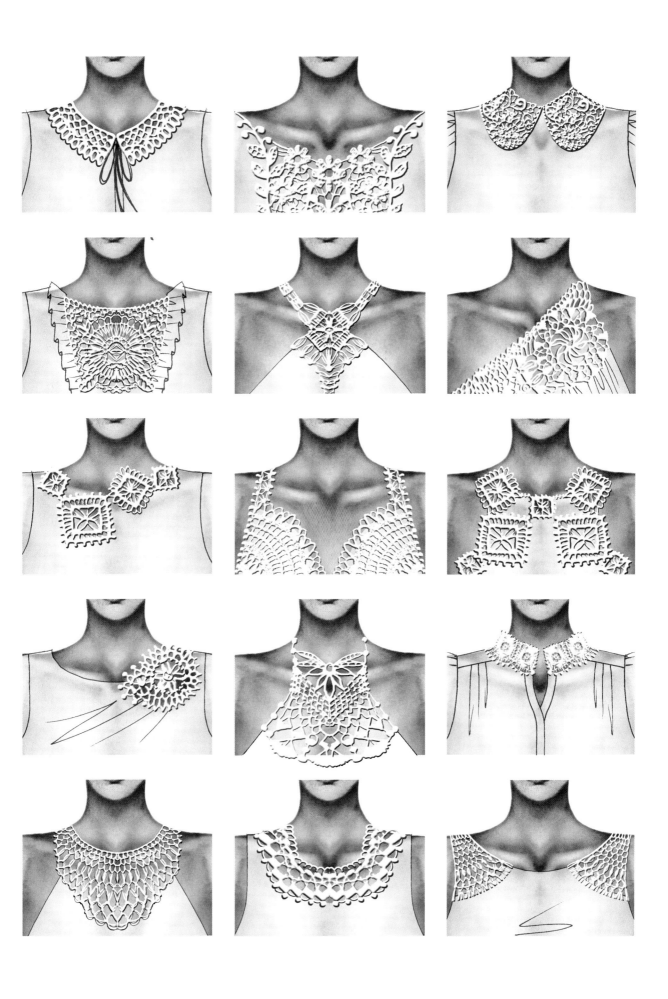

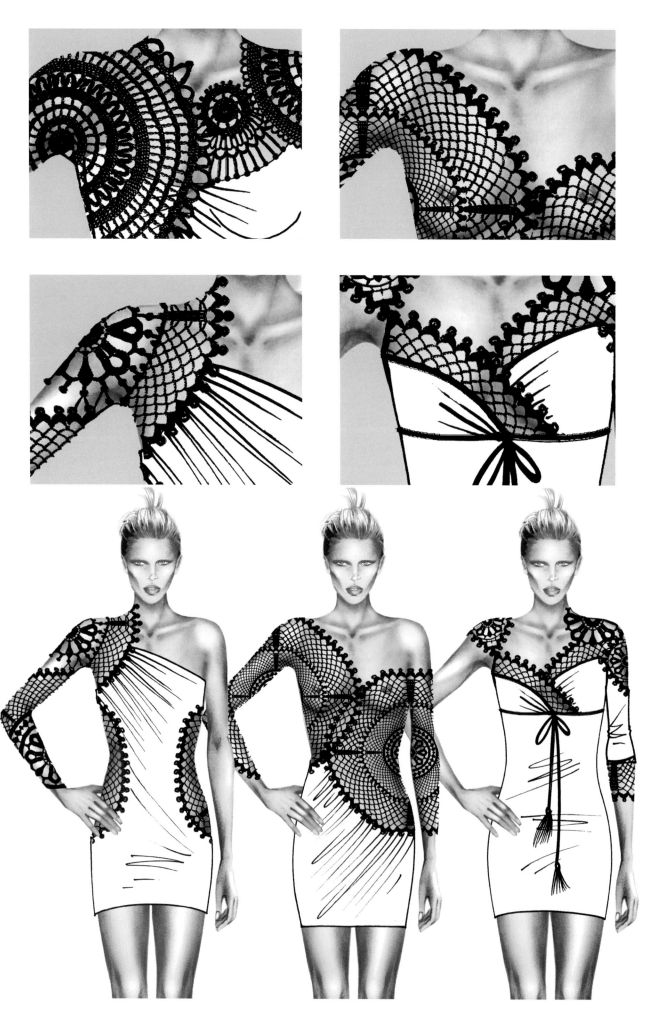

饰片

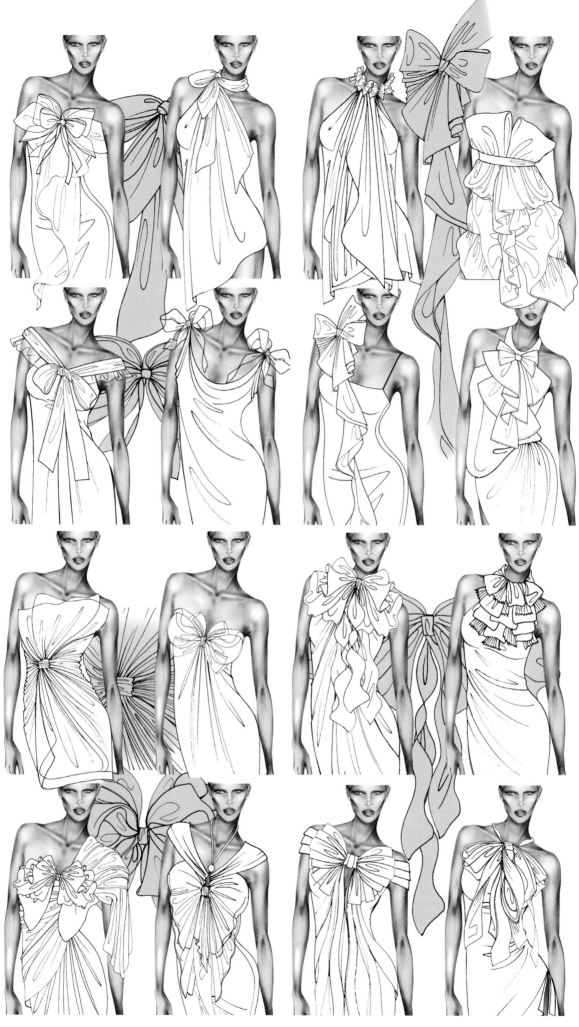

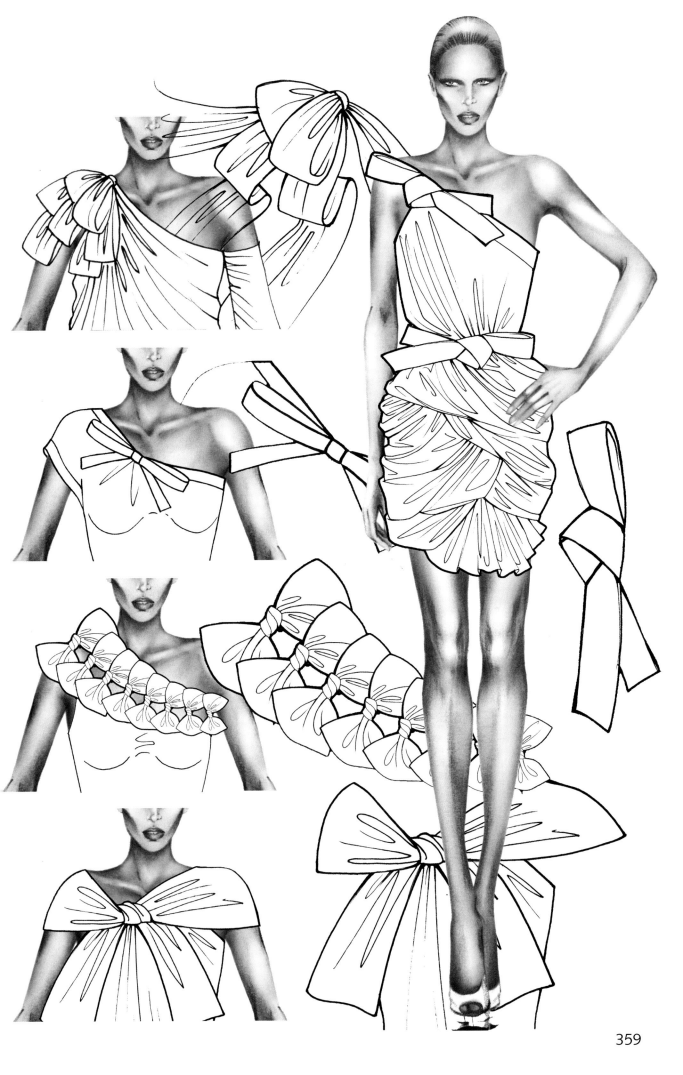

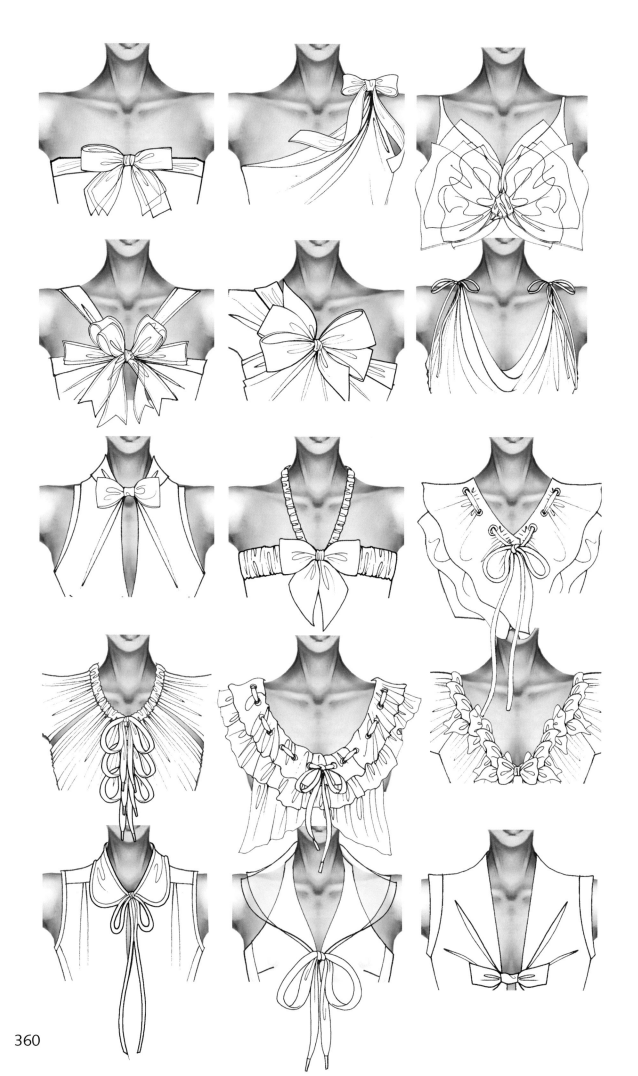

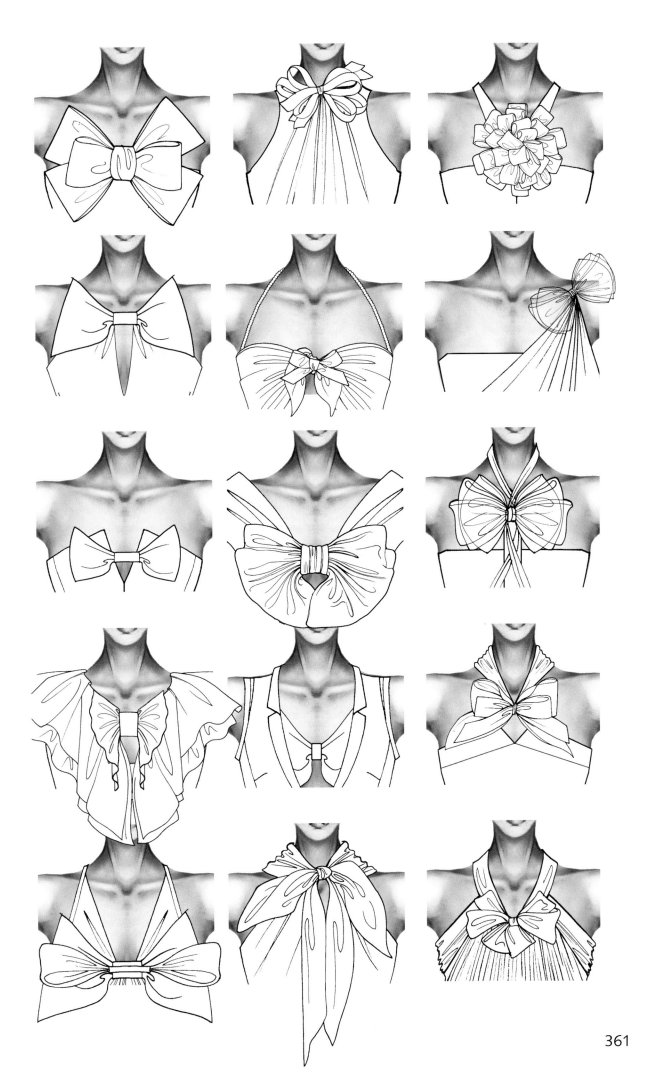

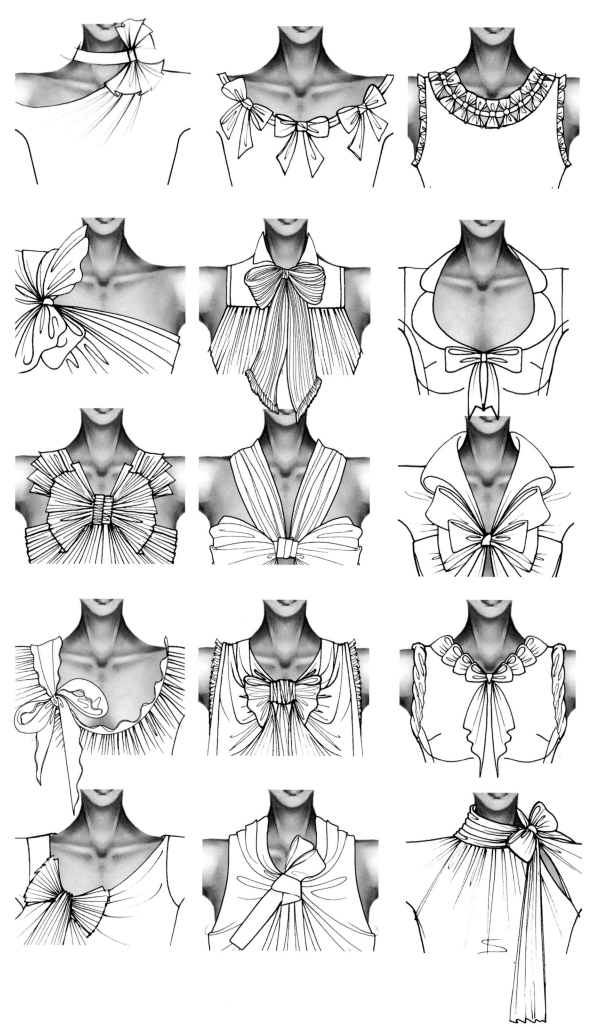

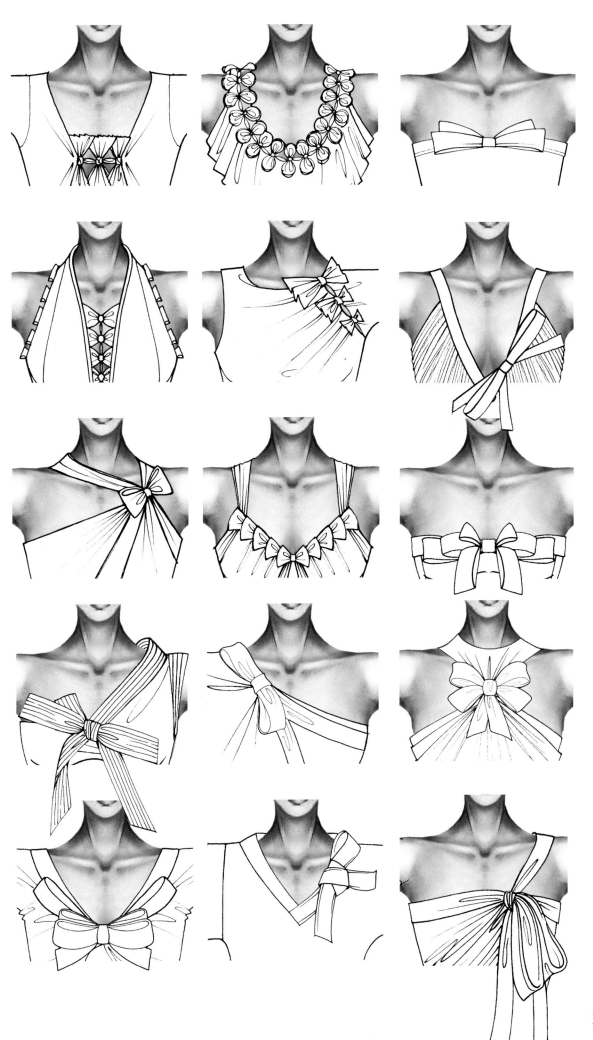

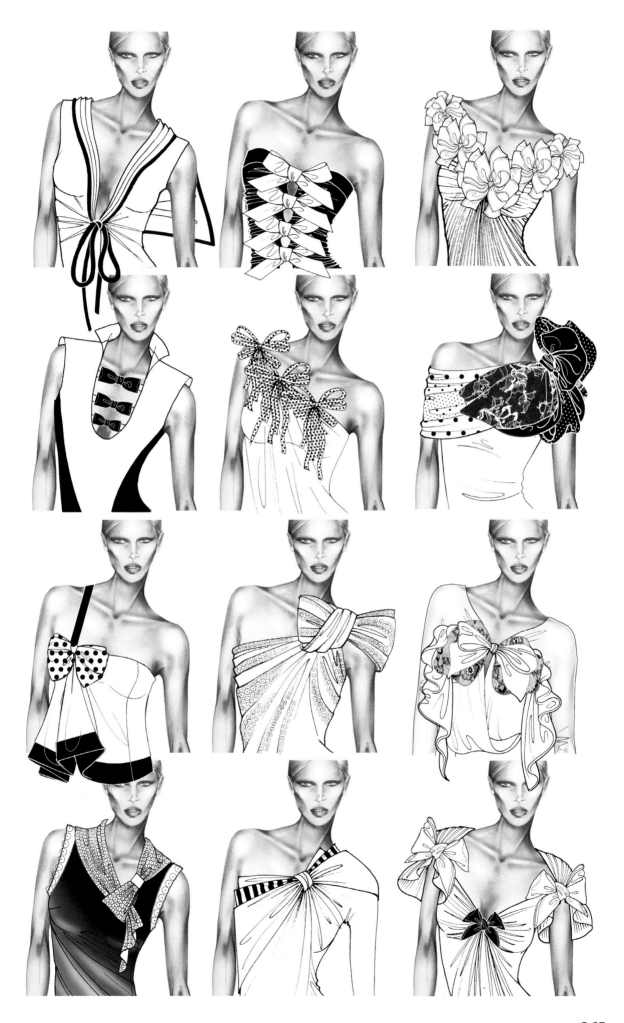

365

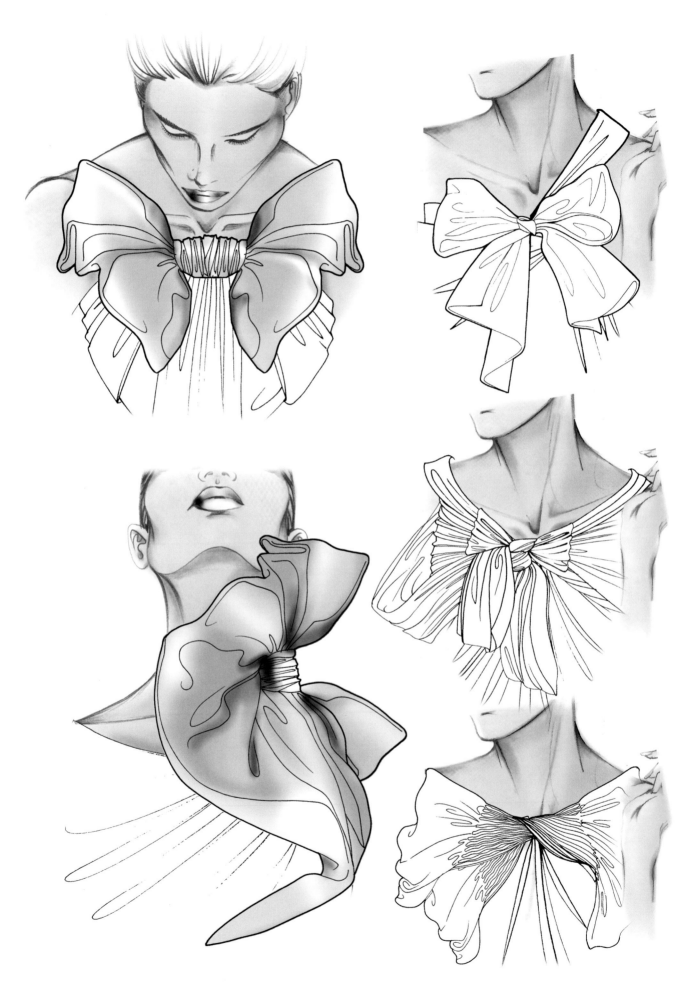

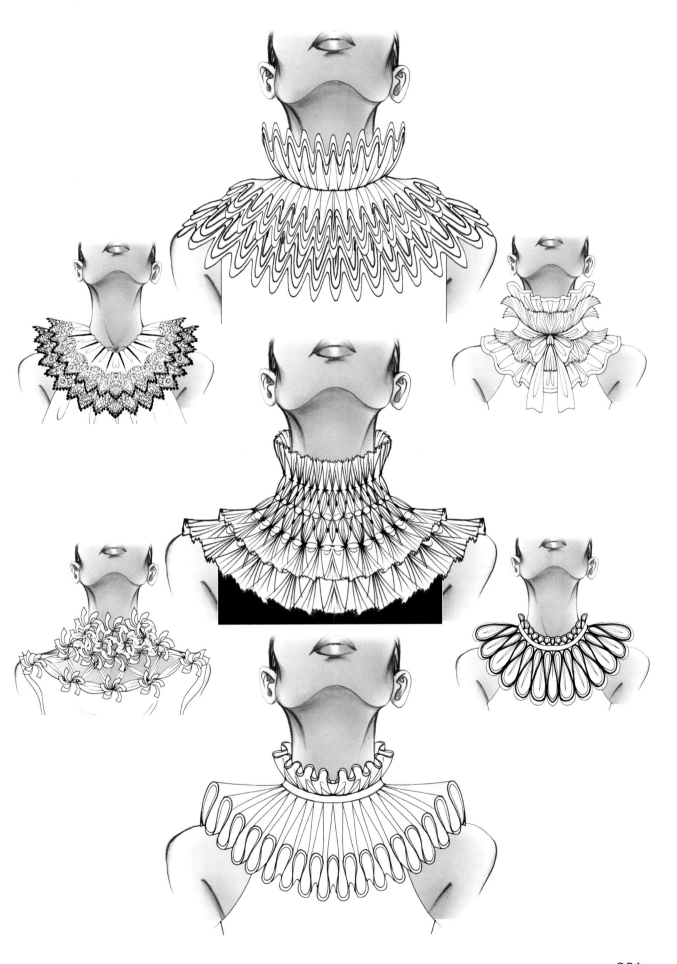

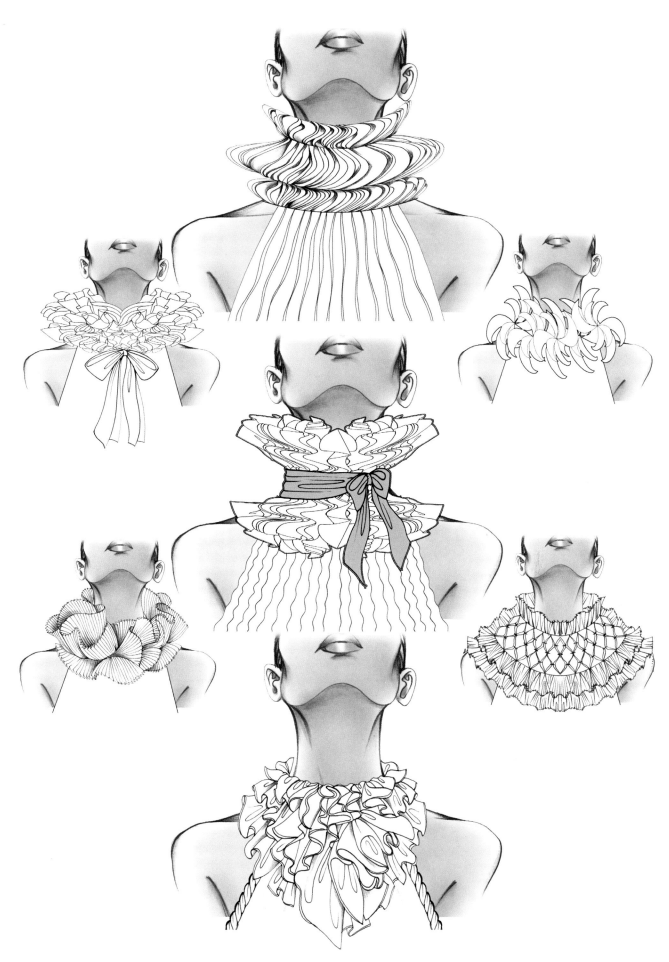